重要的事儿

提升生活幸福感的48个方法

(日)内田彩仍　著
王春梅　译

辽宁科学技术出版社
·沈阳·

日文版工作人员：

摄影：大森今日子

设计：叶田IZUMI

DPT：宇田川由美子

矫正：西进社

编辑：茶木奈津子

内田彩仍

生于日本福冈县，现与先生和爱猫Cream共同生活。因其充满诗意的生活和独具特色的着装，在书籍和杂志中获得了大量人气。著有多部与日常生活息息相关的作品。主要作品有《幸福的习惯》等多部生活随笔类作品。

早起，面带笑容地跟先生和Cream打招呼。Cream甜蜜蜜地“喵”一声，然后靠到我身边来求撸。我把咖啡塞进先生手里，然后起身去二楼的厨房。这样的早晨，就是我家的日常。

从生活了很多年的公寓搬进现在的独栋小楼以后，有更多的机会去感受季节的变迁、体会岁月的更迭。在适应了这里的生活以后，好像每一天都更舒心一点儿。

生活在人世间，曾几何时每天都有“新鲜事”。不知何时起，与他人相约外出的时候少了，去的地方也越来越近了。虽然还有略有困惑的事情，但好像日子每一天都变得雷同起来。

即便是我的内心发生了变化，但似水流年中我也一直不忘初衷，例如日日仔细打扫，或者精心设计烹调食谱，只要在家的时间足够长，我就要努力给生活添色。用摆件来装饰房间的习惯，就这样开始了。

在对幸福生活持之以恒的追求中，我会花功夫创造一些超越日常的小惊喜。在未来如期而至的时候，现在的笑容一定是最温暖的回忆。带着这样的心情，我精心耕耘着眼下的生活。

目 录

Contents

01 我家的生活

从两年前开始，我的生活发生一些变化。现在的生活中，原有的生活习惯与新近养成的习惯交融共存。我本来就是喜欢宅在家里的人，现在待在家里的时间更长了。虽然幸福感满满，但偶尔也会因为缺少与人交流的机会稍感孤单。

以前感到不安、有所困惑的时候，想与人商量的时候，都会约上三两亲友到哪里聚一聚。现在，找人闲聊的机会少了。想聊的话题基本都围绕着“今年去哪里体检呀”“不能常陪在父母身边，怎么能缓解他们的寂寞呢”这样无关痛痒的事情……所以拿起电话前多少会有些顾虑。原本是正常的事情，但近来忽然有点儿不知怎样才好。

困惑了一段时间以后，我忍不住上网寻求答案。查了才知道，原来多么细小的事情都能在网上找到所谓“正确答案”。可偏偏，其中很多说法都让我觉得难以感同身受。

经过几次这样的事情，我便下定决心按照“我家的生活”去生活。我的家庭成员是我们夫妇二人和爱猫。每一天，家人都能平和安稳地生活就很幸福了。以此为基调，正确答案应该就在我们的家里。

而且在家里，并没有绝对的是非对错，大家开心就好。家人一起商议的“方案”，会形成一种力量，牵引我们全家走向正确的方向。

当爱猫SORA走过来的时候，我一定会放下手边事摸摸它

SORA 好像喜欢我轻轻抚摸它的尾巴根。真是养了一只善于表达自己感情的猫啊 。我们已经商量好，要积极回应它的情绪，无论何时都要优先考虑 SORA 的需求。

回家以后在玄关前面脱鞋

听说猫也有可能感染病毒。为了避免把外界的细菌带回家，进屋之前会先在玄关前面脱掉外衣和鞋袜。

了解相互的日程安排

提前了解对方的休息日和工作日程，更便于安排自己的休息日、工作计划、晚餐食谱和远程会议等事情，所以我们夫妻二人之间会共享日程信息。

喝咖啡的时候问问对方的需求

生活里要带着点儿为对方着想的自觉。该说“谢谢”的时候说“谢谢”，该说“抱歉”的时候说“抱歉”，想喝咖啡的时候问问对方要不要一起喝。我觉得这些细节很重要。

先生晚上回家以后会帮我分担家务

我最享受准备晚餐的时光，越是如此越是想要早点儿开始进入状态。当我在厨房里忙碌的时候，先生会帮忙擦地板。

02 兼顾家务和工作

我30多岁的时候，第一次登上杂志页面。后来，开始撰写杂志专栏、出书，回过神来才发现，自己已经在这个行业20多年了。带着美好的回忆，更希望今后能与一路走来的伙伴们继续携手前行。

在这期间，我多次思考过兼顾家务和工作的事情。比方说在家人生病等家务缠身的时候，就不得不相应地降低工作方面的强度。其实，这样的情况时有发生，特别是最近我在家待着的时间越来越多了。即便如此，自己的内心深处还是有两根同样坚实的砥柱——我希望家务和工作可以双赢。

我也曾经考虑过是否要在家务和工作之间规划一条分界线，但现如今生活和工作中都有需要我全力以赴的部分，事情根本没办法清晰地切割开来。要是勉强做分割，自己反倒感觉非常别扭，好像有种施展不开手脚的感觉。

相反，在工作受阻、拍摄不顺的时候，家务方面也同样会受到影响。在那些大脑放空、心情烦躁的日子里，做什么家务事都板着一张脸。在这些气场沉闷的日子里，我会让自己接受“难免会有这种心情”的现实，缓和情绪，不苛责自己。生活里，对自己的宽容是一件非常重要的事情。

我喜欢生活本身，更热爱自己的工作，感谢家人和朋友理解包容这样的我。而我，也会继续两者兼顾继续前行。

出门拍摄的时候，我经常会从家里挑选一些物件去布景。专门用来陈列这些物件的架子上，差不多有十几款我钟爱的单品。我在搬到这里以后，专门布置了一间收纳室，在不影响日常生活的情况下保持自己的本心。

03 在特等席工作

客厅窗边的转角柜侧面，是我的专用书桌。可别小看这里，这可是我家的特等席。身体舒适的时候，心情也会晴朗起来。这是我在眺望窗外的时候感悟到的。

一个人工作的时候，难免出现疲惫和厌倦，每当这时，我都觉得脑袋锈住了。来换换心情吧，让工作的效率提高起来！于是我就会选择这一天自己比较喜欢的地方，在这种“今天专属的特等席”继续工作。

想要充分享受自然风光的时候，我会来到能眺望窗外、得到治愈的转角柜前。春天，窗外是盛开的樱花；夏天，窗外是浓妆淡抹的绿色。抬眼的时候，映入眼帘的都是当下最美丽的风景。心情舒缓下来，工作的情绪会好很多呢。

要是想见见人、想感受一下生活的气息，就打开网页，选择一个旅游博主的频道看看。跟着画面一起游历四方，同样可以获得被大自然治愈的效果。要是这一天我把餐桌当成了特等席，一定会随手给自己来一杯饮料和小茶点，跟美味一起把清冷的气息一扫而空，然后重新投入战斗。

如果在餐桌上工作，能听见鸟语、看见蝶飞，如此这般的景象让我仿佛置身林中。

在需要温暖的冬天，我特别喜欢在沙发边桌上敲电脑。要是我歪在沙发上工作，我的爱猫一定会蜷缩在我的脚边。看着它熟睡的侧脸，伸伸懒腰，然后重新自觉地开始工作。我有很多书稿，都是在这种温馨平静的环境里写出来的。

与此相反，也有忙到无暇顾及一切的时候。桌子上铺满各种各样的书，我的精神也必须要高度集中。这时，我会刻意把电脑和手机放得远一点儿，然后播放轻柔的爵士乐，屏蔽所有不必要的外界干扰。不记得是在哪里看到过，说人的注意力最多可以集中5小时。对我来说，还是速战速决的比较好（笑）。

在不同的地方工作，有一点点意外的收获，那就是杜绝了“不想扫除”的毛病。以前偷懒，会装作没看见有点儿脏的地方。现在四处游走，家里再也容不下任何死角了。至少，在我在特等席就坐之前，需要把这里打扫干净吧。

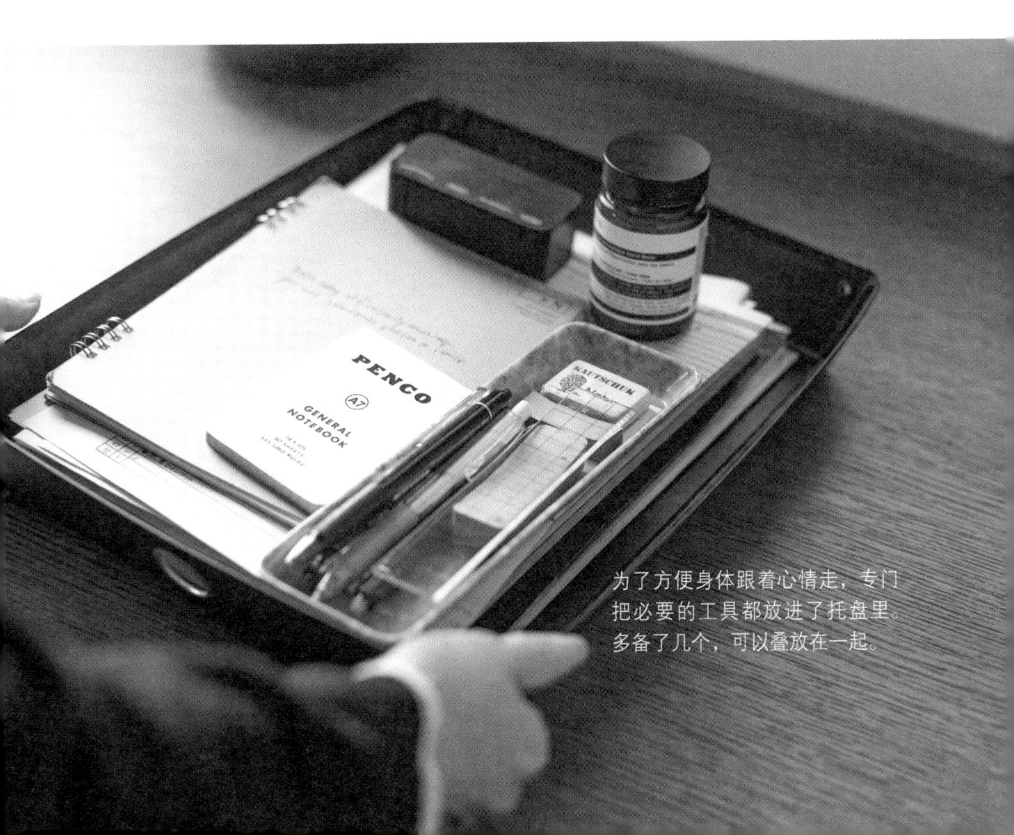

为了方便身体跟着心情走，专门把必要的工具都放进了托盘里。多备了几个，可以叠放在一起。

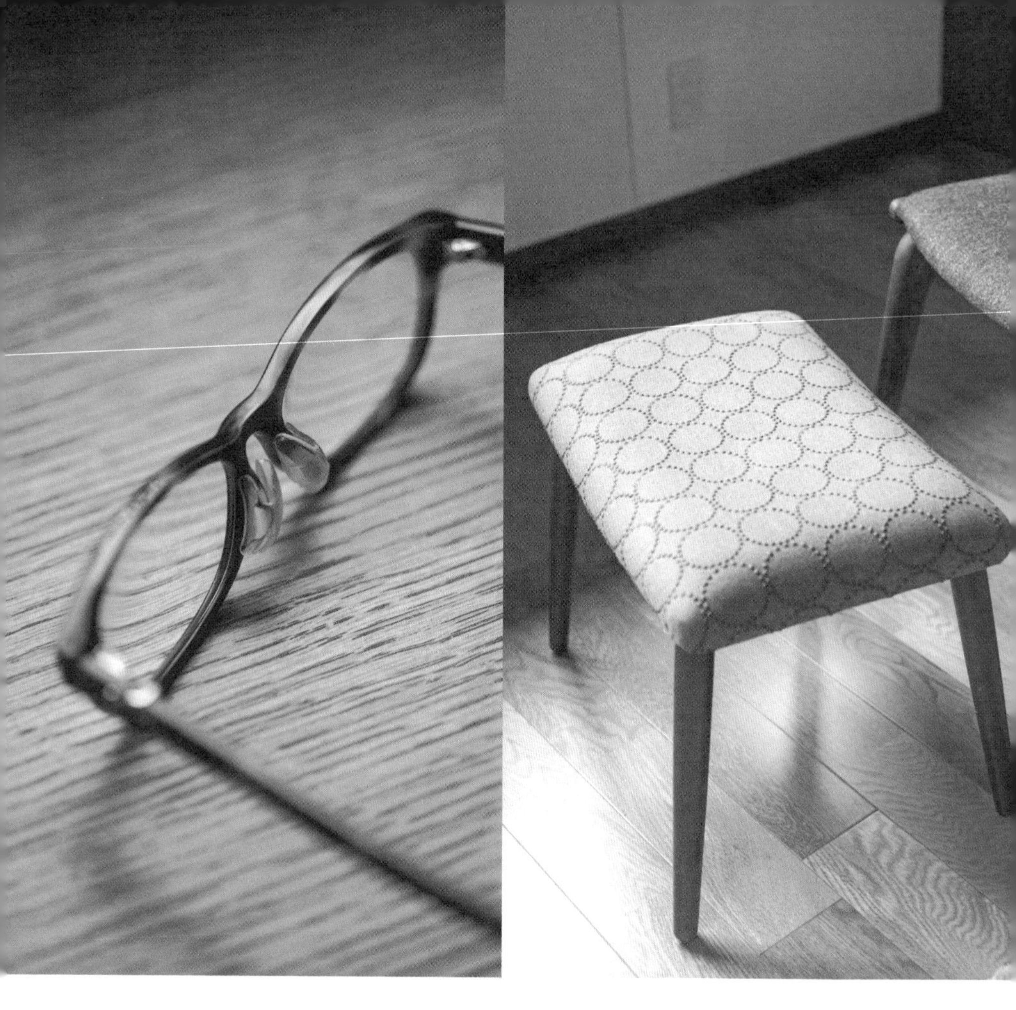

防止眼镜脱落的小技巧

专心工作的时候，眼镜滑来滑去的就很闹心。在鼻贴处贴了硅胶垫，舒服到几乎忘掉了眼镜的存在。

预防足部水肿的脚踏

长时间坐着工作，会导致新陈代谢不佳，以至于会出现足部水肿的情况。为缓解这个症状，时不时要把脚垫高一些。

饮料放在防滑托盘上

以前有同事在我家工作的时候，我总用托盘给他们递饮料。表面经过了防滑处理，工作时可以放心使用。

保护桌面的鼠标垫

宜家的鼠标垫物美价廉，铺在桌面上能安心工作，不用担心鼠标划伤桌面。

04 打造可以感知季节的玄关

以前住在公寓里的时候，玄关壁龛里一直用鲜切花和摆件装饰着，看起来还不错。开门的时候，迎清风进来，花瓣摇摇摆摆的样子让人甚是欣喜。这种小小的细节，也能让我幸福感满满。

搬入独栋住宅以后，再没有壁龛。于是，我把玄关白色鞋柜的上面当作了新的装饰地点。每月换新，营造不同的氛围。玄关是每日生活的必经之处，所以务必保持清洁。做家务的时候，我会首先关注玄关这里的状态，看看树木的样子，看看留言板上的信息等。因为新冠疫情的原因，我出门的机会少了，但是接收快递的机会多了。每天都要逗留的地方，一定要让人心旷神怡才好，所以我常用当季花卉来装饰。

花卉的选择，多来自我家院子里种植的花朵、月初前往的园艺商店，还有每月订购的当季鲜切花。我通常选择花蕾饱满的鲜切花，希望它们能在我家装点一整个月。当然，有时候也会在月中剪下一两朵，装饰到别的地方去。

如果需要搭配不同品种的花卉，我也尽量选择花期长的品种。勤换水，勤修叶子，到了月底，也总有些花能保持一如既往的风情万种。花开终有时。从花草身上欣赏到的风情，似乎让我悟到了些许生命的本质。

现在，我仍然在研究适合每一个地方的摆台风格。选择适合花卉的花瓶，放在最为匹配的地方，我的审美早晚也会变得很不错吧。

为避免爱猫误入玄关和走廊之间，这里固定了一个小栅栏。这样就可以安心地摆放纤细的玻璃花瓶，而不用担心被猫碰倒了。

‖ 一月 ‖

从京都的花店买回来的十二十支饼。每一根艾蒿枝上都插着一小块饼，象征全家人的干支集合在一起，共同祈愿无病无灾。两旁是让人一见钟情的淡粉色菊花和常绿的松枝。

‖ 二月 ‖

茶花。从熟识的花店买来了大朵的白茶花，恰好会在立春时节开放。每一朵新开的花朵，都预示着新春的到来。

‖ 三月 ‖

新买回来的梅花，与院子里新开的水仙放在一起。这种花头重脚轻，容易从中间弯腰，所以特意选择了长颈花瓶。洋水仙的香气扑鼻，格外清新。

四月

玄关前面的桔梗花凋谢之时，正是八重樱花开放之际。圆滚滚的花朵呈现出艳丽的粉色，甚是可爱。修剪时掉下来的小枝，我把它们放在水盘里。

五月

五月，花店里开始百花争艳。把四月份刚修剪过的圣诞蔷薇也搭配进来。这里比公寓的举架高，可以装饰很多高枝大叶的花卉。

‖ 六月 ‖

艳丽的粉色芍药，据说花期不长，但挡不住我对它的热爱。放在灰色花瓶中的大芍药花，总是能牢牢吸引我的目光。

‖ 七月 ‖

在园艺商店购买的四照花。每日剪掉干枯的叶子，然后每天都能欣赏到焕然一新的模样。如何选择搭配最合适的花瓶，仍是我日常修炼的内容之一。

‖ 八月 ‖

夏季蚊子多了起来。听说尤加利有驱蚊效果，特意从园艺商店买回来几枝。调整形状后修剪干枝，斜插后放在玄关门旁边。

‖ 九月 ‖

从花店院子里剪回来一小枝苹果，与香薰蜡烛搭配在一起。在感受秋天的果实时，也注意到了枝头随时有倒下来的风险，所以选择了比较重的花瓶。

‖ 十月 ‖

我的生日在十月，必须选择大爱的紫阳花。思想驰骋在手中的书籍里，心情荡漾在紫阳花和优雅的台灯间。

‖十一月‖

即将进入圣诞季了。想来点儿实物熏陶氛围，于是入手了深色调的常青藤。在一直使用的蜡烛杯里装了小茶灯，用柔和的光线温暖心灵。

‖十二月‖

为了营造白雪皑皑的树灯效果，把银色的闪光灯缠在了树枝上。前面搭配十年前购入的圣诞香蜡，终于点亮了起来。

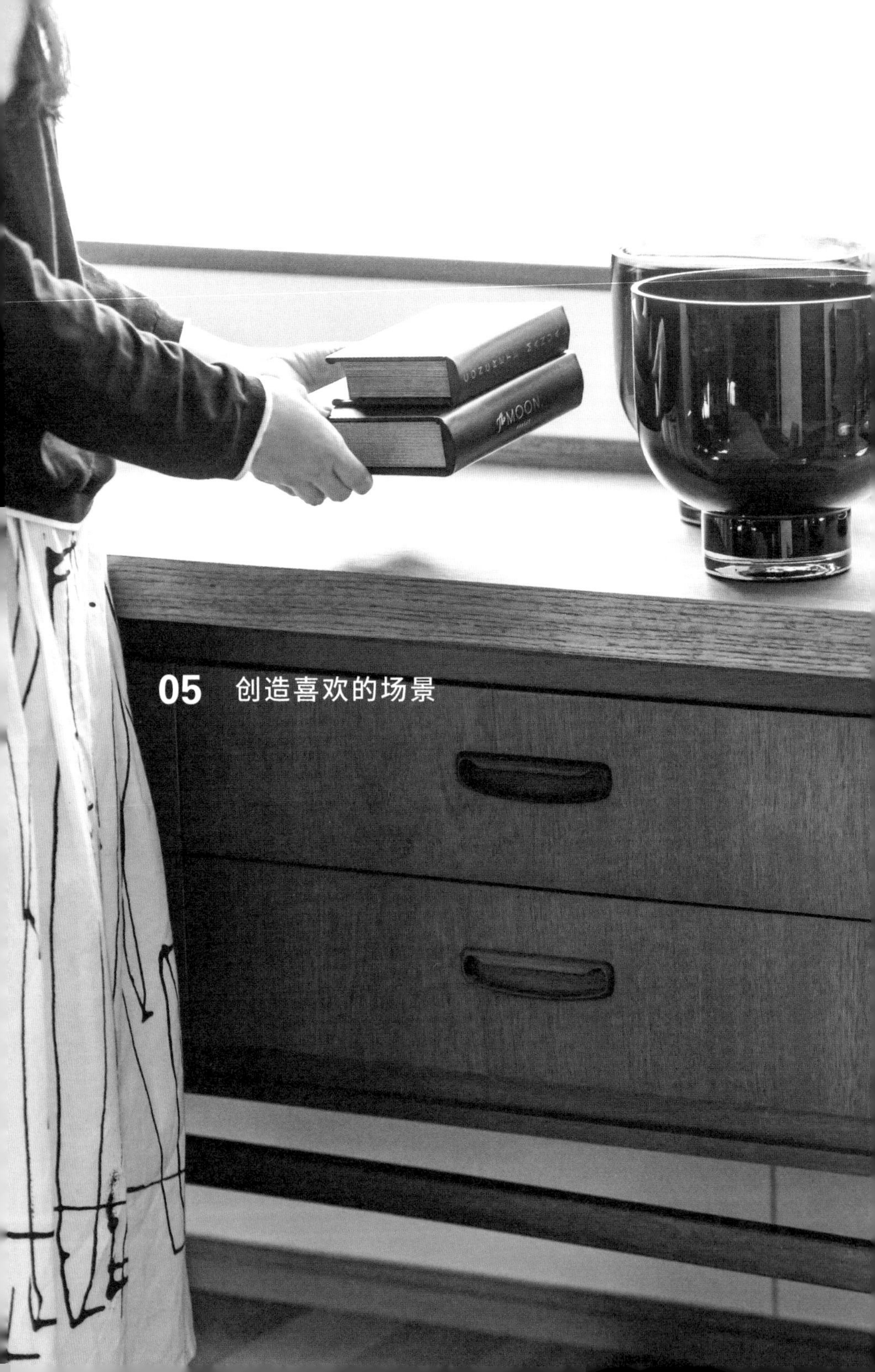

05 创造喜欢的场景

宅在家里，又迸发出了装饰房间的灵感。带着以前在外面忙碌工作时的那种精气神儿，在家打造了好几处中意的地方，让我的新家更值得品味。稍有烦闷的时候，家装布置能让我心情开朗起来。在有空的时候、心情好的时候（笑），我更是会趁着好心情想想怎么装饰。

用来装饰的东西，无外乎都是生活中常见的日用品。在架子上吸引人目光的花瓶、常用的咖啡壶和咖啡杯、从院子里剪下来的花草等。

虽然都是见惯不怪的东西，但根据主题搭配在不同的角落，会让人耳目一新。“让这里时髦一点儿”“放在这里恰到好处”……不动声色地装饰房间里的小角落，能给生活带来新鲜的感觉。

以前，我常常无处施展自己的装饰风格。住在公寓里的时候，受到客厅格局的限制，很多喜欢的东西都不能摆出来。现在，我真的可以连带着那时候的遗憾一起，尽情地布置我的新家了。

原本想把我所有的杂志和书籍都收纳到客厅里的书架上，但摆放的过程中碰巧发现阳光从中间隔断上的花瓶里折射过来，简直美不胜收。我这才发现，生活中需要些许的留白，于是这里成为待命花瓶的栖息地。

家庭生活与外界无关，把中意的日常用品摆放在合适的地方，看着、看着……不禁赞叹：“这才是我的风格！”

专门用来泡咖啡的厨房一角，摆放着咖啡套装和装点心的小碟子。在光线的衬托下，拥有充分的存在感。

客厅的书架，兼具收纳功能和装饰功能。随时待命的花瓶、散步手提包、看到一半的书籍等。

能看到朝阳的洗手间窗边，摆放着一根从院子里剪回来的花枝。已经发出新根，摆在这里充满朝气。

在这个感受盛夏酷暑的地方，用小玻璃瓶装饰，给人以清凉感。再装饰一朵人造尤加利，欣赏一下绿色吧。

06 用观叶植物取代鲜切花

四十几年来，我一直保持着与鲜花共生的生活。新搬来的房子比原来的公寓举架高、空间大，让我原本就喜爱的花朵看起来更加亭亭玉立。后来，我开始尝试选择本身存在感比较高的花瓶，然后就插一枝花。没想到这种风格竟然让整个房间增色不少，心情也随之改变。

既然新家更适合大枝花卉，就需要添些高大且重的花瓶，以免花朵头重脚轻地整个倒下来。可我家只有在二楼的厨房才能洗花瓶，这就让每天换水、清洗、搬运的工作变得异常繁重。

为了解决这个问题，我在赏花和工作之间选择了平衡。比方说把其中一两瓶摆放到二楼的客厅，一楼只留下玄关处的“迎宾花”。原本一楼有花的地方，改用观叶植物装饰。

最近，我在家的时间很长，站在观叶植物旁边静静欣赏的时间也随之增加。选几盆好养的，并排摆放在窗前的阳光下。看着它们绿意盎然的样子，感受生机勃发的喜悦。

人们常说“搬一次家，生活就改变一次”。的确，我长年累月与花共生的习惯，有了偃旗息鼓的趋势。也许什么时候，身边会重新洋溢出鲜花的香气，但现如今我还是能充分感受到与绿意一起成长的生活美感。享受当下的情绪，听从内心深处的声音。

卧室里的宜家柜子，选用原木色侧板和门板。这种颜色看起来沉稳一些，上面摆了一瓶从院子里刚剪的常青藤。

花盆外面，套了一个楼梯和窗框同色系的盛水盘。晴朗的清晨，看着它沐浴在阳光下的样子，不由得露出微笑。

原来放在公寓窗边的斑叶垂椒草和丝苇，现在被安放在客厅的架子上。因为枝条已经很长了，所以身居高位。

这盆观赏蕨，只要不断水就能一直郁郁葱葱。闪光的浅绿色叶子层层相叠，在白色的洗面台上充满生机。

07 精心照料的院子

希望生活中充满绿色，所以才搬入新居。从原来的主人家接手的庭院，给人一种非常舒适的感觉，迫不及待地希望明年春天早点儿来临。遗憾的是，这个冬季遭遇了一场罕见的大雪，让院子里好多株植物都枯萎了。因此，从现在开始，我要更加精心地照料残存下来的植物，用自己的双手打造崭新的庭院。

我先是在网上找了自己喜欢的庭院风格。通过网络，我认识了很多不同品种的植物，并且惊奇地发现它们几乎都原产自澳大利亚。

后来，我拜访了以前合作过的一家花店，委托他们帮我设计院子。

首先，铲掉已经枯萎和受损的植株，然后用新苗替代。在他们帮忙种植标志树的时候，我趁机学习了分株、除虫的方法。

有些植物夏天不耐热，有些植物冬天不耐寒，这种需要换季时移动的品种，可以种在花盆里。选择几种颜色和叶片美观的护盆草，种在花盆里，起到装饰和预防杂草的作用。

庭院完工的时候，恰逢春意正浓。每天看看茁壮成长的花花草草，成了我生活中的一件乐事。每天我都要去院子好几次，或者施肥，或者浇水，肆意地享受大自然的恩典。

穿过通往后院的小门，就能看到从原主人那里交接过来的紫阳花。因为剪掉了好些被雪冻伤的枝条，今年只开了一朵花。

通往玄关的小路两边是山红叶，银色的澳洲迷迭香与踏脚石相互呼应。光线照在叶子上，美到无以言表。

选择不惧病虫害的常青藤来作地衣。时常修剪形状，时刻保持美丽。

开紫色花的蓝翼和龙舌兰，常绿但不耐旱。种在花盆里，冬季需要搬进室内。

紫罗兰的花期很长，但过于浓密的花枝会导致烂根或生虫，所以时不时就要修剪花枝，可将其随手装进花瓶里。

用深一点儿的筐收集落叶

如果筐不够深，一阵风吹来就能把筐里的叶子又重新吹散，所以必须选择够深的筐。

时常打理院子里的椅子

在宜家购入的花园椅。时常给室外家具刷油，能起到防掉色、防霉、防虫的作用。请记得定期刷油。

户外扫帚要选择专用款

打扫户外，难免沙石和落叶扫不起来的问题。选择薄叶扫帚，不仅能带起很细小的垃圾，扫帚还不容易向外翻。

选择小而轻便的园艺工具

我的手小，拿着又大又重的工具来工作，很容易感到疲惫。这种轻便的铝制工具，很适合用来往花盆里盛土。

选择颜色合拍的软管

用来向院子里洒水的软管。当初就想要一个能调节水压、颜色跟院子能配得上的款式，后来在网上找到了。

园艺手套在百元店就能买到

施肥、剪枝、驱虫的时候，园艺手套是必备单品。百元店里有大创品牌的手套，跟我手的尺寸刚好一样。我毫不犹豫地一次买回来好多备用。

选择轻便的水壶

浇灌液体肥的时候，要拿着水壶绕场一周。扫除的时候，也需要提前往地面上洒水。拎着水壶走来走去是一项重体力工作，还是选择轻便的款式好一些。

按不同用途准备不同款式的园艺剪刀

尖头剪刀用来修剪花叶，黑把儿剪刀用来剪断支撑枝条的钢丝，弯头剪刀用来剪断更粗的枝条。区分不同用途，使用之后别忘了做保养。

08 50岁的学习

因为疫情的原因，先生开始待在家里自学，准备考资格证。他单手拿着复习资料、聚精会神学习的身影，激发了我一起学习的念头。

想学的内容，一定是跟日常生活息息相关的事情。比方说在网络上寻找如何清理玄关地面上顽固的污渍、如何清洗咖啡机的知识，然后照猫画虎地去实践。或者说忽然发现了让滴滤咖啡更美味的窍门，也会赶紧制作一杯尝一尝。经过反复尝试，终于发现我最爱的口味是用50mL的热水和深度烘焙咖啡豆制作的成品。

最近沉迷于园艺知识，例如如何防止植物枯萎、如何保养各种绿植、如何观察自家植物的生长状态等。我甚至会拍下每棵植株的照片，然后上网查询详尽的科目信息。

这里本来就有很多原生植物，再加上我后来种的新品种，加在一起大概有70多种植物。我唯恐自己不能逐一记清楚，就干脆找了个本子把每一种的名称、种植方法、养护方法记了下来。这可真是一本能随身携带的宝典呀。我把这个小笔记本放在园艺围裙里，栽培新苗的时候顺手就新翻开一页如实填写。我想，以后要是能整理一本我家的植物图鉴，这个小本子一定能派上大用场。今年雨季漫长，春季里新栽的一盆盆栽遗憾地枯萎了。尽管如此，我也觉得从50岁开始学习还不算晚，一定会对今后的生活有所帮助。

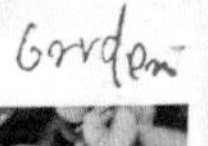

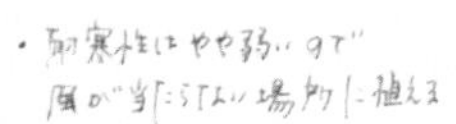

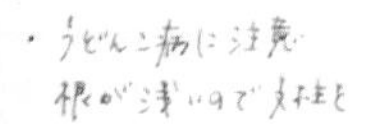

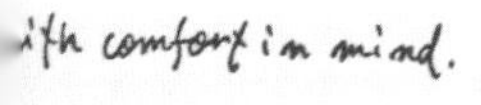

配合院子里的植物照片，分门别类地记录各自的园艺名称、学名、栽培方法等信息。为了下次购买的时候能想起来，还记录了购入地点。

TRAVELER'S FACTORY家的线圈本。每一页都带个小袋子，可以用来放幼苗的标签。分成前院、后院、盆栽3本编辑，要是需要特别关注的内容，就贴一张粉色便笺作标注。

09 开满鲜花的院子

自从买了现在这栋房子以后，有段时间我经常憧憬买些常绿植物打理院子，好让身边时刻都拥有绿意盎然的景象。以前住在公寓的时候，我就很喜欢用眺望窗户外面深浅不一的绿色的方式来放松眼睛和心灵。

后来有一天，我正在新院子里忙得不可开交的时候，忽然发现了后院一角盛开着的喇叭水仙。它仿佛就在那里静静地凝视着我，美好而淡然。

后来，麻叶绣线菊和耧斗菜次第花开。它们都应该是以前的主人种下的花苗，隔了一个冬天之后又开出了可爱的花朵，仿佛是前主人留给我的礼物一样。这使我想再种下一些花苗的念头更加强烈，我由衷希望自家院子能变成鲜花盛开的地方。

春季的庭院，日新月异。我喜欢把盛开的鲜花剪下来，带回房间，插进花瓶里。然后，用这些花朵去装饰玄关、客厅和每一个需要点缀的地方。有花的院子，带给我一个充满乐趣的家。

我精心呵护着我的小院子和每一株花草，希望明年还能见到茂盛的景象。水仙这种球根植物，要剪掉花朵留下叶子。留下来的叶子通过光合作用，继续给予球根营养。相信明年，美丽的花朵还会绽放。

用来修剪枯枝的专用剪刀，有可能成为病虫害等的媒介，使用后一定要用酒精消毒。我一边努力学习各种园艺知识，一边由衷地期盼明年的鲜花盛开。

圣诞蔷薇　白棣棠

加拿大堇菜　蓝百合

紫阳花“味狭蓝”　肾形草

有些是原生的，有些是新栽的。
设计庭院的时候，考虑到了颜色要相互协调。

景天

南天竹

小三色堇——黑色蛋白石

紫阳花“深紫”

筋骨草

珍珠菜

10 学以致用

即使深居简出，我也非常重视学习新鲜事物和培养自己的兴趣爱好。网络恰到好处地满足了我的需求。通常我会一边做家务一边开着电视或电脑，在听听看看的过程中获悉大量信息。

装修房子的时候，我会刻意寻找关于选材和施工的视频，而且真的从中学到了很多干货。现在，我会比较多地关注庭院和内饰的频道。在内饰频道中输入“北欧”的关键词以后，静音浏览。一边打扫房间、叠衣服，一边在无声无息之中观察内饰和摆件的搭配、颜色的组合，希望偶然入眼的照片和视频能点亮我的灵感。通过浏览海外内饰的实际案例，我学到了小体积摆件反而能激发出大空间效果的理念。

春季的时候，我想多参考树木和住宅完美匹配的图样，所以一直在观看“The Local Project”的频道。说真的，内饰方案和庭院设计真的让我烦恼了好长时间。直到我浏览了大量的相关案例，才渐渐了解了自己真正想要的风格。

园艺知识，大抵都能通过视频来学习。比如说“圣诞蔷薇的花谢以后，要剪掉……”，一边用耳朵听着解说，一边动手实操。这样的光景在我家已经稀松平常。原来，对于真正想学习的知识来说，边听边做才是最好的吸收方法。

学会打理方法以后，我懂得了应该如何照顾不耐雪寒的紫阳花。今年初夏开始，这棵紫阳花突飞猛进地长高变大，本以为还需要保养几年，没想到却开了好几朵花。

11　我家的“非常态”生活模式

与人交往的日常，最近与我渐行渐远。前段时间的外出，都不过是出门吃饭或晴天散步而已。虽说如此，上次外出吃饭怕是去年3月份的事情了吧。哪怕是休息日，也会在家里解决一日三餐。

我还没点过传说中的外卖。我知道今年春季开始，外卖服务已经可以覆盖到我家这个区域了。有那么一天晚上忽然觉得有点儿饿，可是翻遍了菜单却只有比萨而已。我们觉得与其外卖还不如自己做，于是干脆连夜烤了比萨来吃（笑）。

也正是因为如此，我家如果想要换换风格，通常要靠双手的力量来创造。向往已久的户外桌椅终于到货了，于是迫不及待地开始在院子里享受下午茶的时光。当然，在院子里享用的咖啡和点心，都是自己亲手做的。

以前每年都要外出欣赏的几场电影和舞台剧，现在改成了在家看电视或电脑。我们夫妻二人都不喝酒，但是可以用苹果醋和苏打水调成软饮，并在杯口处搭配上水果片。然后把准备好的零食摆在沙发桌上，就可以开始享受二人世界了。

休息日之前的夜晚，我们有时候只留读书灯，彼此陪伴着度过祥和的读书之夜。这种在如今的社会里显得有点儿“非常态”的生活模式，虽单调却是我家的主流节奏。无论什么样的生活方式，只要自己能从中获得满足感，不就足够了吗？

在院子里用的宜家铁艺咖啡壶套装。一个托盘就能整套拿走的大小，移动起来毫不费力。

看看视频消磨时光的时候，可以窝在沙发里。准备好沙发桌和毛毯，幸福惬意。

把轻食盛进小号的碗碟中。当阳光投射在沙发桌上，晶莹剔透的玻璃容器愈发精致起来。

只留了读书灯，我们就在这里读书、闲聊。虽然房间没有改变，但当下的氛围真的可以使心情放松下来。

先生的一侧，放了黑色落地灯。柔和的灯光从灯罩下面倾泻而下，而且亮度可调。

12 睡前灯

新家的卧室在一楼，睡前要从二楼的客厅移步到一楼。以前住公寓的时候，客厅和卧室只有一墙之隔，所以直到睡前为止都能随心所欲地做自己想做的事情，然后一头钻进卧室倒头就睡。我太熟悉这种生活节奏了，所以还没完全习惯现在这种分别存在的空间概念。

以前睡不着的时候，我会起身到隔壁的客厅，看看还没完成的工作，翻翻杂志消磨时光。可是现在，想到还要上二楼……就怎么都不想起身了。虽然想躺着看一会儿书，可是又不舍得影响已经熟睡的先生，于是只能强迫自己赶紧睡觉。可是这样一来，往往更精神了。

靠近我的一边是一盏台灯。我特意选择了不透光的灯罩，希望熬夜看书的时候不会影响先生。

事情的转变，来自偶然入手的一本北欧书籍。

在北欧，人们为了心境平和地度过漫漫长夜，会在睡前点一盏柔和的灯光，伴着自己放松心情、安然入眠。于是我也效仿，在我家卧室的两边分别放了一盏睡前灯。这样一来，我们就都能在需要的时候安心享受自己的时光了。

睡前的灯光，最好不要直射到眼睛里。我的枕边是灯罩不透明的台灯，先生的身侧是光线范围更大一些的落地灯，方便他阅读电子书。

在柔和的灯光下，无论是安静地读书，还是轻松地看看搞笑视频，都能帮助我们心情舒缓下来。每次忽然一抬头，都能感受到卧室沉浸在灯光中体现出来的魅力。回忆着今天细碎的幸福，在柔和的灯光下，度过美好的时光。

13 每日读书

每日读书。最近常常阅读国外书籍、装修杂志和园艺图鉴。我每个月都固定会买一本新书，至于买什么，要取决于当时的心情。当然也能多买几本，但要是来不及看，自己心里就会有挫折感。如果每月一本，则能保证仔仔细细地通读一遍。

有时候我想看看健康食谱，这时候就要优先考虑电子书了。要是有针对性地查询信息，电子书是最方便的选择。例如不知道应该如何摆盘、怎么搭配花瓶，搞不清花瓶装多少水的时候，完全可以通过电子书或平板来查查看。

在失眠的夜，只能是纸质书籍。厚实的书本拿在手里，图片的质感、印刷的质地、文字之间的余白，都让我感受到莫名的美感。我喜欢这种真实阅读的感受，在专心致志地体会一会儿语言文字之美以后，忙乱的心情通常都能放松下来。渐渐地，就困了。

随着年龄的变化，想法和喜好渐渐固定下来，越来越难以接受新鲜事物。但我希望自己能保持以前那种定期阅读杂志的习惯，要是能通过这样的媒介保持自己旺盛的好奇心，应该是一件很好的事情。

庭のある住まい
のデザイン
ORGANIZE YOUR LIFE

14 一个人独处的地方

进入新生活以后，我觉得自己独处的时间反而变少了。例如先生要在家工作，我自己需要加班等，还有爱猫SORA正是年幼爱撒娇的时候。而我自己，一直以来都习惯优先照顾对方的感受。当然，我并非厌恶这样的生活。家人之间互相依赖，是一种非常幸福的生活状态。只是在这样的生活里，我想要给自己留点儿空间。

后来我突发奇想，决定偷偷延长泡澡的时间，毕竟只有这段时间我才能完全独处。以前泡澡的时候，我喜欢掀开半边的浴盆盖，然后用盖上的半边当桌子读读书、写写稿。现在想想，既然喜欢泡澡，那不如在如此放松而愉悦的时光里好好放松一下，让自己从内到外焕然一新。

我找来了许多洗浴用品，摆放在容易取放的地方。听着耳边轻柔的音乐，从卸妆开始进入状态。泡在温水里，可以看园艺频道的视频，也能学习当下需要进行的植物养护知识，更能顺手预约一下过几天要去看牙的牙科诊所。

慢悠悠地泡在浴缸里的这段时间里，我能释放所有的疲劳和郁闷。为了一如既往地履行“善待家人”的初衷，首先要好好爱自己，忘掉今天的疲惫吧。

磁力壁挂分别粘在不同的位置上。要是担心平板和手机沾染潮气，可以预先准备好防水袋。

好好刷牙。最近咖啡喝得多，刷牙的时候格外精心。

宜家的浴巾。具有卓越的吸水性，每天清洗也能一直柔软如初。颜色和质感都很好，我一直在用。

把耐潮湿、耐高温的卷叶垂榕放在浴室的窗台上。时而搬到外面接受日光浴。

我家热水器厂商建议只使用特定品牌的浴盐，所以我从网上买了该品牌的各种浴盐，根据当天的心情来选择使用。

为了方便清扫，扫除用品都放在浴室里。喷雾式清洁剂放在白色瓶子里。

15 购物时的精挑细选

睡前的一两个小时是我的自由时间。要是还有工作等待收尾，就忙忙工作，要是有想学习的事情就专注地学习一会儿。如果有什么应该网购的东西，也在这段时间上网查找。说真的，购物的过程总是充满快乐，但我的宗旨是尽量不添加可能会产生浪费的东西。所以我会在这段自由自在的时间里，精挑细选。

精挑细选，有两个理由。其一，是最近搬家的时候我又重新意识到的问题——我跟先生都不擅长扔东西。先生本来就不是浪费的人，而我则因为恋旧很难下决心扔掉什么东西。两个人都是这样，就让原本艰巨的打包任务更加雪上加霜。为了吸取这个教训，我决定不再添置看起来用不长的物品，同时在日常生活里加强整理整顿。

其二，是因为我希望买回家的东西能经久耐用，所以从一开始就必须是非真心喜欢的款式不买。最近常在网上购物，下单之前我一定会先问清楚是否可以退货。要是邮回来的实物跟想象不同，就只能更换或退货了。

经过如此这般的精心挑选，有些物品从选款到入手的时间恐怕会超过一年。特别是家用电器，虽然心里知道使用年限早已经过了，差不多到了该更新换代的时候，但还是要花费好久才能定下来新入款式。

最近正在研究卧室里的空调。现在的空调是原房主留下的，制冷功能多少有些差，而且安装的位置也不够理想。我会优先考虑功能和款式两方面，争取在明年夏天来临之前找到中意的款式。

脚踏式垃圾箱

以前的垃圾箱用了很多年，留下来几处怎么洗也洗不干净的污渍，所以又新买了一个相同厂家的类似产品。新垃圾箱的盖子开关流畅，黑色内胆让污渍匿于无形，用起来很方便。

肤感柔和的可洗拖鞋

舒适的拖鞋是迎接客人的必备品。我会优先考虑是否可以清洗，大多数换成了毛圈质地的拖鞋。

方便的硅胶片

大小和形状多样，成套销售。这也是在网上买的。贴在不同的地方，可以起到防滑、防磕碰的作用。

洗面台旁的垃圾箱

可以贴墙摆放的半圆形垃圾箱。意料之外的是，踏下脚踏板的时候会向前倾倒，但因其可爱的外观就没退货。在下面贴了硅胶片，成功地改善了前倾问题。

院子里的太阳能灯

插在土里，感知到有人走过时会亮。这也是在网上买的。天黑以后自然发光，谁从旁经过时亮度随之增强。造型简约，放在哪里都可以。遇到灾害时，可以用来代替手持照明。

空调的室外机箱罩

落叶和枯枝有可能会掉进空调的室外机里，所以需要罩起来。考虑价格和款式以后，选择了这款蜡木色的铝制机箱罩。质地轻盈，不会生锈。

设计装修方案的时候，我把这两本书翻了好几遍。脑海中勾勒着北欧风格的设计，写下了好多突发奇想的小便笺。最终，也是在这两本书的启发下决定了设计方案。

16 永远深爱的空间

过往的生活告诉我，如果喜欢家里的氛围和空间，那就无论如何都不会厌倦囿于爱与美食的生活。好像以前的公寓、刚结婚时的小单间、上学时的宿舍，无论哪里都有我为之沉迷的情调。而对于现在这所新居，我也满怀柔情，希望能亲手搭建出可以长长久久地去热爱的空间。

每每说到自己喜爱的风格，脑海里都会浮现出当年在北欧时参观过的阿尔托（Aalto，Hugo Alvar Herik Aalto 1898—1976）故居的模样。这座府邸，在岁月的冲刷下依然屹立如新。不仅如此，我还很喜欢阿尔托设计的Kuatya 联排住宅和玛丽亚别墅。他撰写的建筑书籍，被我读了又读。为了向这位伟大的建筑师致敬，我家自家窗边挂了两盏Artek的吊灯。

对于这种自己非常热爱的风格，其实也曾有过疑虑：我能精心

这是先生强烈推荐的换气扇。每月清洗一次，完成前用抹布蘸清洁剂轻轻抛光。

地呵护到每一个装修细节吗？比方说，选择纯木门、纯木地板、天然木材的栅栏，效果看起来确实很不错，可是时间一长，所有这些木质材料都需要定期保养和翻新才行，那得是多大的工程呀。经过一番犹豫，最后决定厨房铺合成木地板，这种款式最便于打理。然后在墙上粘贴墙围板，这样就不用担心吸尘器走过的时候划伤墙面。正是因为想要长期生活在这里，才要提前考虑好“喜爱”和“保养”的平衡。

在北欧，对于房屋、家具甚至餐具，都有精心使用然后传承给下一代的文化底蕴。现在这栋房子，也是我从以前的房主那里接手来的。我觉得以前的习惯虽然幸福，但也应该重视当下的感受。要是不想让自己在生活里不堪重负，还是要从一开始就搭建出能真心热爱的空间。

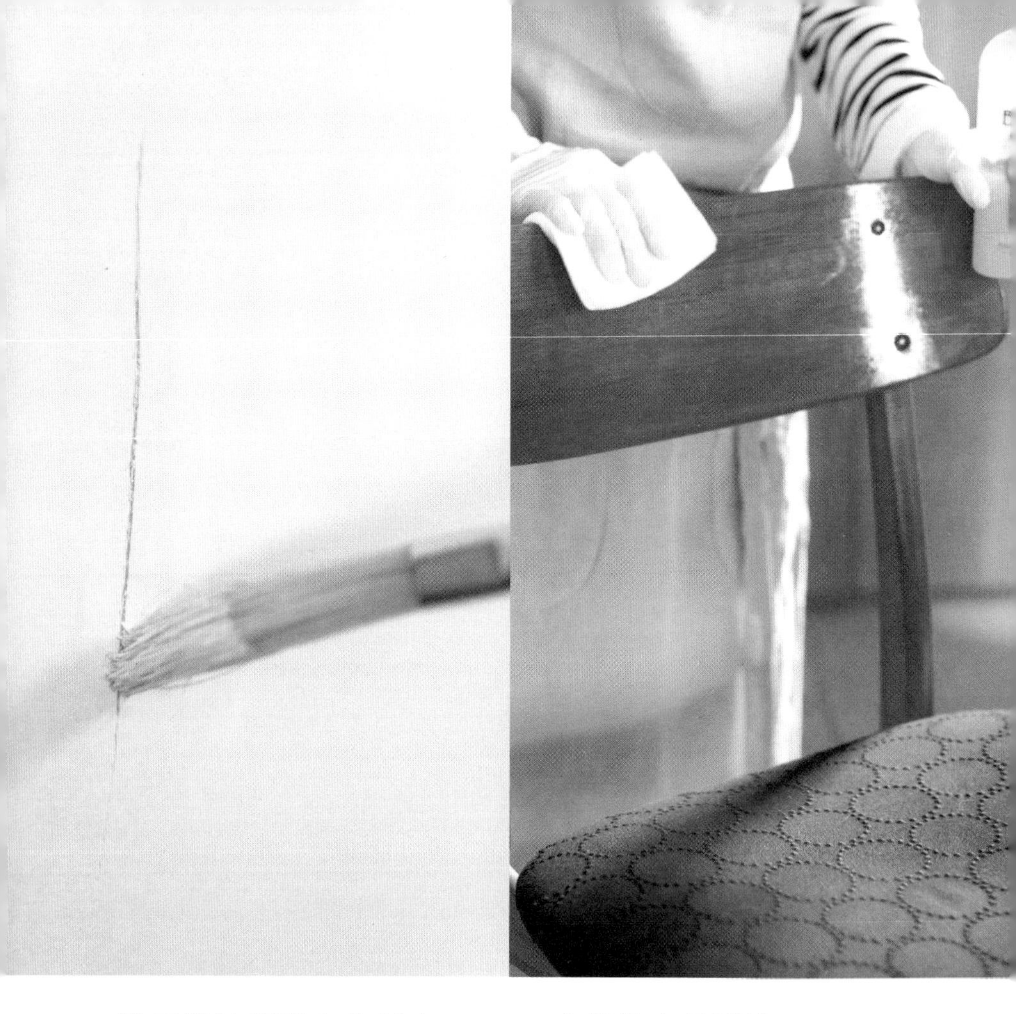

勤于修补墙壁上的划痕

虽然用了墙围板，但还是免不了磕磕碰碰。墙上的磕痕，猫咪的爪子印……一经发现就要及时修补。

定期给家具刷油

定制的家具和桌椅，需要定期刷油保养。为此我还专门请教了家具店的专业人士。

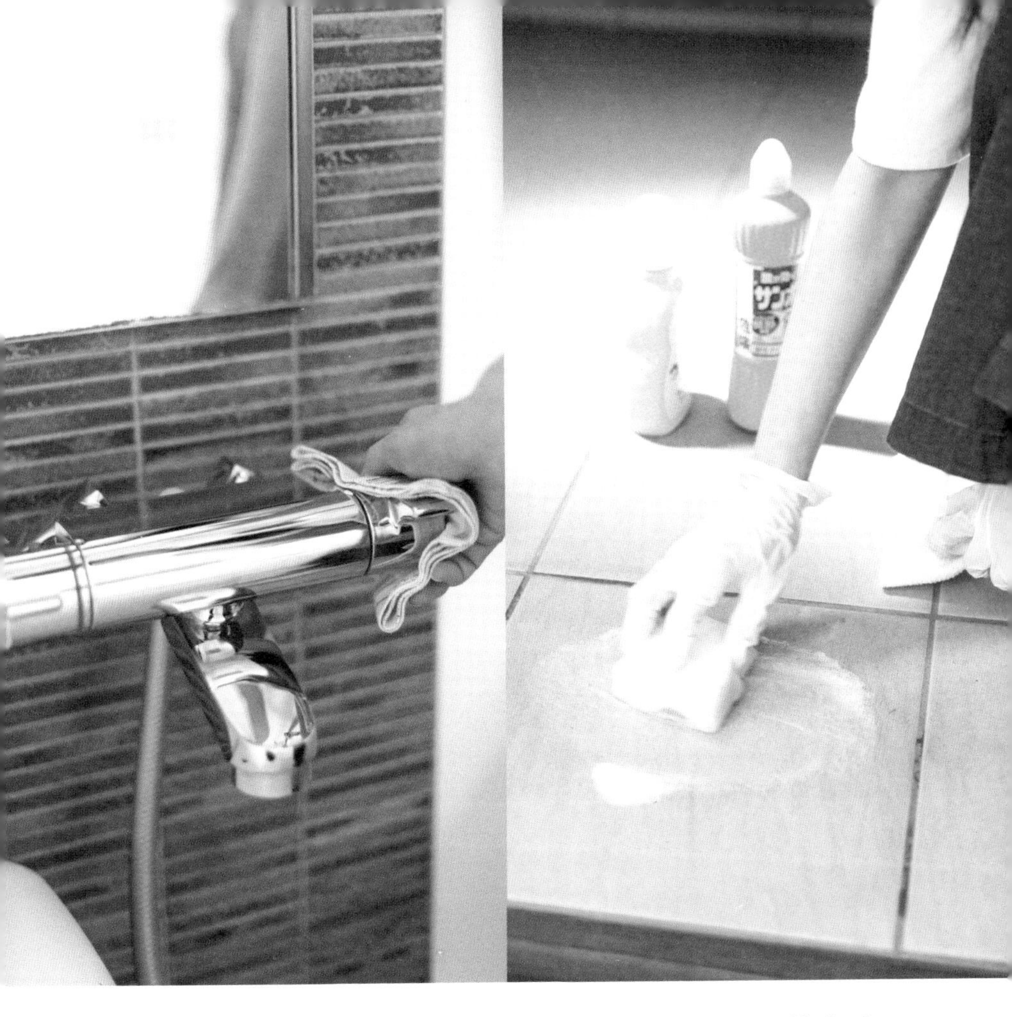

水龙头等金属件用后即擦

闪闪发光的水龙头和花洒，能让洗手间看起来整洁如新，用起来也格外舒心。所以每次使用之后，都会擦干水渍和手印。

一片一片地擦拭玄关的瓷砖

对于防滑瓷砖，简单粗暴的刷洗方法是最有效的。用水稀释小苏打，然后用百洁布蘸着刷洗。

17 给SORA磨爪子

白驹过隙，有猫的生活已经30多年了。现在的爱猫SORA是我养的第三只猫，现在刚满1岁。

根据以前养猫的经验，我觉得只有从小养成使用猫抓板的习惯，小猫才不会在墙上或沙发上磨爪子。所以在SORA来我家之前，我就已经准备了大小形状各异的猫抓板放在各个房间里。

在一众猫抓板中，SORA最钟情于兼做猫窝的桶形猫抓板和用麻绳缠在一起做成的球形猫抓板。特别是球形猫抓板，SORA每每路过都忍不住挠两下。可有一天我忽然发现SORA正追着挠下来的麻绳纤维想吃，这要是纤维和肠胃拧在一起了可怎么办！想到这里，我就赶紧把这个小麻球扔掉了。

后来，SORA好像喜欢上了我坐的椅子，频频来这里磨爪子。不到1周的时间，可怜的椅子就已经面目全非了。这样下去可不行！于是再看到SORA往椅子那边溜达的时候，我就会把它抱起来，引导它使用桶形猫抓板。每天，这样的场景都差不多要重复几十次。耐心地教了一段时间以后，SORA终于爱上了以前Cream最喜欢的猫抓板。从此以后终于不再伤害其他家具了。

SORA安静的时候很少，而且比Cream胆子大，猫抓板在它的手下已经渐渐露出疲态。最近我急须挑选一个更大更宽的猫抓板。虽然在我耐心引导下，SORA不再对椅子下狠手了，但椅子却不得不面对需要翻新的窘境。希望SORA对新的猫抓板一见钟情，希望椅子不再遭殃。

18 确定日用品的更换时间

取回了前几天送出去清洗的地毯。打开袋子，里面有一张便笺——“下面的黏合层快要开裂了，不建议再次清洗。”这块地毯，是15年前买的。初夏开始用这块短毛地毯，入秋的时候换成米色长毛地毯，两块都是我的心头好。本以为自己足够精心养护，万万没想到还是迎来了不能继续使用的这一天。

把地毯铺开，噼里啪啦地落下好多白色的粉末，而且有好几个地方已经脱线了。先生看到这种场景，也表示“确实不能再用了”，赶紧帮我扔了出去。

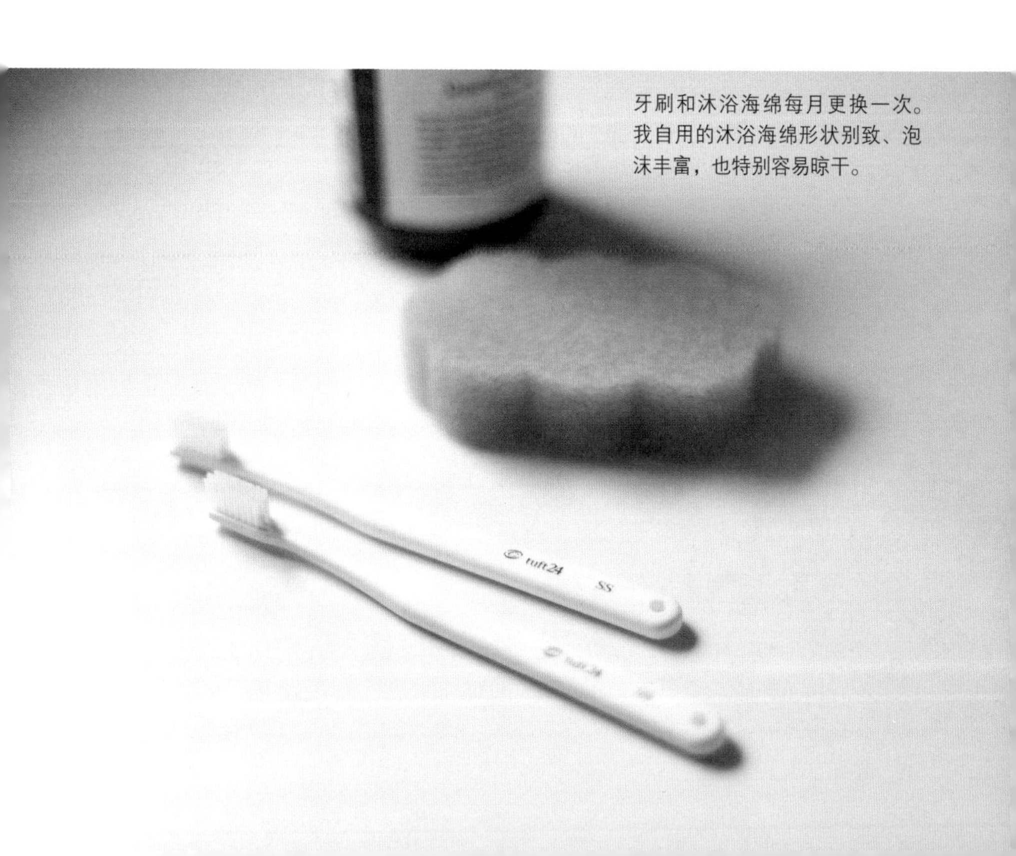

牙刷和沐浴海绵每月更换一次。我自用的沐浴海绵形状别致、泡沫丰富，也特别容易晾干。

在客厅小憩的时候、跟SORA玩耍的时候，地毯是必不可少的东西。

而我又真的是太喜欢这个款式的地毯了，所以决定下次休息的时候去买一块同样的回来。经过几家店铺的挑选，终于找到一块棉质地毯，价格跟以前那块也差不多，就此买回家来。

碰巧，先生问"最近有没有感觉毛巾扎脸"。我去感受了一下，好像确实有点儿变硬了（笑）。回忆了一下这是什么时候的毛巾……好像是5年前？越是精心呵护，越是洗得频繁，最后变硬变秃的结局令人忍俊不禁。

后来我干脆重新规划了日常消耗品的使用寿命。除了牙刷和沐浴海绵那种快销产品以外，其他的都要在本子上记录购买和使用开始的时间，然后分门别类确定使用期限。

每天穿的拖鞋，是白色的，脏了就擦。穿了一年以后，污垢不太容易擦干净了，那就换一双新的。

19 简单易懂的收纳

最近，忘性越来越大。戴着眼镜找眼镜、拿着电话找电话的情况时有发生，也免不了有把柜子里里外外翻个底朝天的情况。我家先生也是这样，于是只好重新规划收纳的方法。

有些不常用的东西都被一股脑地堆在抽屉里，以前觉得“暂时就放在这里吧”，现如今决定按照使用目的明确存放地点，强化整理。其次，在收纳盒上贴上标签，任谁都能一目了然看清楚盒子里有什么。

先从仓库开始吧。后院有个小仓库，里面集中收纳了所有的户外用品。大多数的园艺工具规格很小，就放在了便于取放的宜家白色收纳盒里。手套和围裙放到另一个盒子里，用的时候去拿，用完以后物归原位。

囤在家里的食材和零食也需要整理。食材统一归纳在厨房的橱柜里，但最近先生帮我购物和收纳的时候比较多，所以我一翻零食就会弄得乱七八糟。食品要收纳整洁才行！我一一清点了库存，然后分类摆放，最后在手推车的每一层上粘贴标签。

收纳和整理，是一件挺花功夫的事情。但为了取用的时候事半功倍，这些付出相当值得。

户外的仓库里，放了园艺工具和不常用的玻璃瓶和洗车工具等。会碰水的工具，用磁性钩挂在侧面门板上。

张贴标签

宜家的塑料收纳盒结实耐用，可以用来盛放铲子、手套、垃圾袋、肥料、毛巾等。使用防水标签，里面的物品一目了然。

放在随手可得的地方

手机、园艺剪等，都可以用磁铁固定在侧门板上。一忙起来就很容易不见踪影的门钥匙，要挂在能看得见的地方才安心。

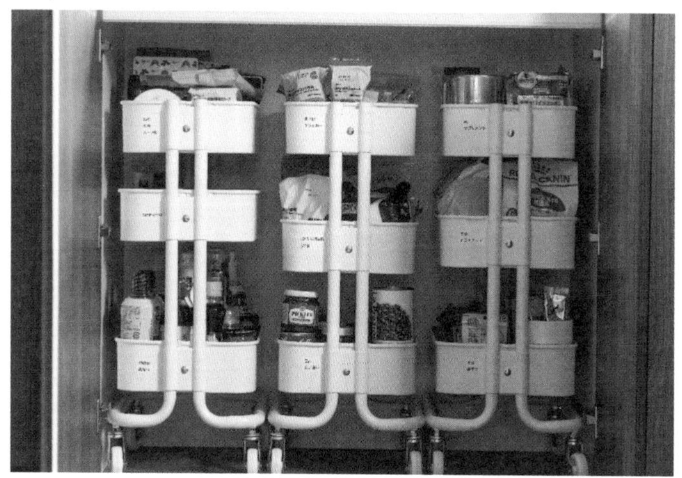

橱柜里的宜家手推车

这里是我家的粮仓，基本所有的食品都集中在这里。为了便于查找，我在手推车的每一层都粘贴了标签。做好仓库管理，先生就能知道买回来的东西应该放在哪里。

客厅收纳的可视化

客厅里的收纳，非常有可能在不经意间映入访客的眼帘。为了避免尴尬，尽量把物品放进小篮子中。用便笺写下物品名称，再用别针固定好。

20 规划好家务

家务，是家里每天都需要做的事。从十几秒就能完成的吐司机清理，到花几个小时才能完成的晚餐……这些或长或短的时间组合在一起，不禁让人感到应接不暇。

但是，每个人都有清闲和忙碌的时候。比方说，我有时候起早就要出门拍摄，有时候却整天赋闲在家。

但无论怎样，早点儿完成家务以后，才能安心，并且有意义地享受自己的时间。为此，我几经思索为自己规划好了家务。

例如，洗衣服的时间比较长，那就早晨起来就开洗衣机，早饭之后刚好烘干完毕。洗衣前局部搓洗时用的一次性手套，刚好可以接着打扫好洗手间之后再扔掉。为改善每天早晨准备早餐的慌乱，在前一天的晚餐时就准备好明天早上的沙拉。把家务整合在一起，然后快乐而高效地去完成。

其中不乏新近养成的习惯。因为想始终保持整洁的着装，所以衣服每天一洗。因为不想带细菌回家，所以每天回家后都要用湿巾擦拭地面。这些看起来貌似有点儿麻烦，但保证家人健康才是最重要的事情。

家务，一旦开始就停不下来。只有带着自己的一定之规，才能有序开展工作。忙碌的日子可以让自己适当减负，确保需要优先完成的几个项目就好。“今天，力所能及就好！”

早晨的家务流程

第一次清洗

将洗衣球放入洗衣机，确认污渍程度，把衣服装进洗衣袋。如果有污渍严重的地方，需要提前局部手洗，然后放进洗衣机。

↓

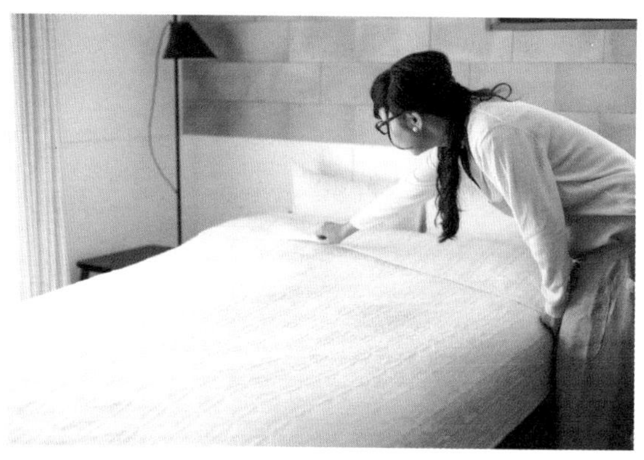

铺床

铺上床罩，整理床铺。通常先生会一边躲着淘气的SORA，一边负责整理床铺。看着整洁的卧室，新的一天又开始了。

↓

准备早餐

先生铺床的时候，我用酒精擦拭厨房和餐桌。喂饱SORA之后，再开始准备我们的早饭。

跟先生一起吃早餐

低脂牛奶或酸奶，是先生早餐里不可或缺的。每天更换沙拉和水果的种类。冬天可以增加热汤。

↓

晾晒衣物

为了避免某些衣物被晒坏，洗好后需要挂在浴室里阴干。这时候，可以用到浴室的除湿机。

↓

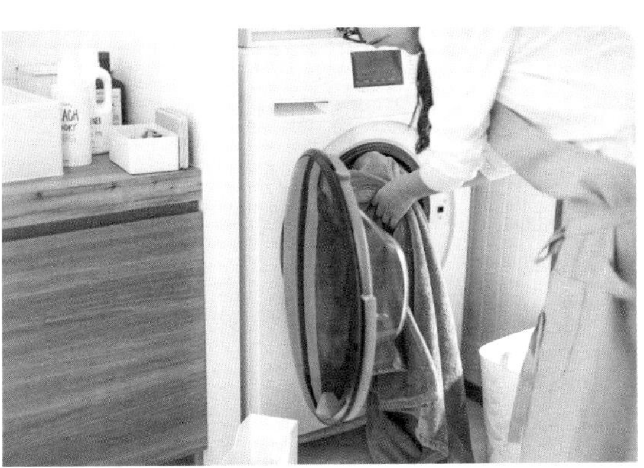

如果天气好，就第二次开启洗衣机

天气好的时候，正好赶紧洗洗被套和床单等大件衣物。如果白天忙，可以定时让洗衣机在晚间自动运行。

↓

清洗早餐餐具

使用容易清洗的洗涤剂，擦干后放回碗架。挺直腰背，一边活动筋骨一边整理餐具。

↓

每两天给花换一次水

第一天给花换水，第二天给观叶植物浇水，两件事情交替进行。观叶植物的水分太大，有烂根的危险，浇水前要先确认土壤状态。

↓

确认邮件和日程表

趁着洗第二次衣服的时候，家务事暂停片刻。这时候伸伸懒腰，喝杯咖啡，顺便确认邮件和日程表。

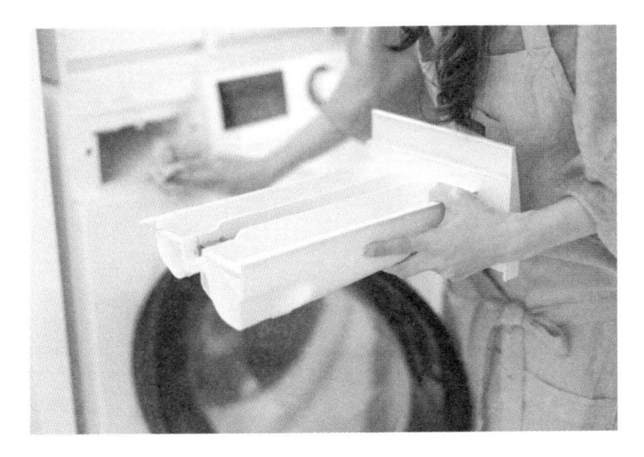

晾晒第二次洗的衣物

床品挂到院子里晒太阳。结束以后回来把洗衣机擦干，防止长霉菌。

↓

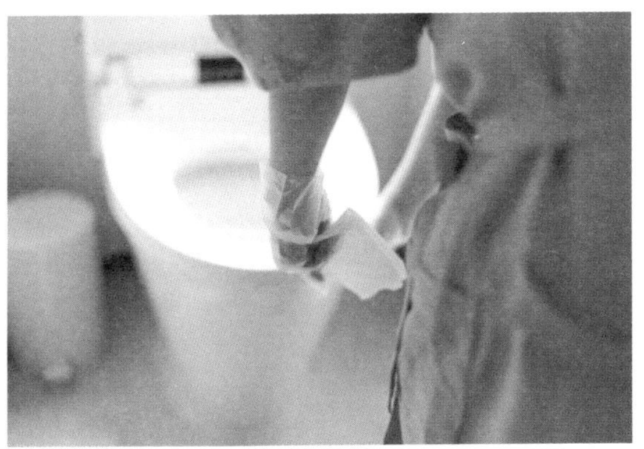

打扫洗手间

戴上一次性手套擦洗手间。每天早晨把洗涤剂喷在马桶上，用湿巾擦过以后再用酒精擦拭剩余污垢。

↓

用吸尘器打扫卫生

爱猫SORA捡到什么就吃什么，所以每天都要用充电式吸尘器打扫卫生，其间还必须更换吸头才行。忙的时候快速过一遍即可，重要的是保持每天打扫的习惯。

晚间的家务流程

给院子里的植物浇水

晚间的家务事，要等先生回来以后分工合作。有时候先生会自告奋勇地给院子里的植物浇水。有时间的话，我会到院子去除草。

↓

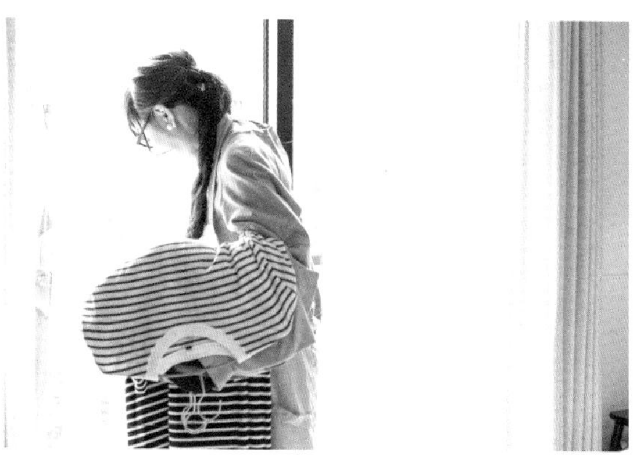

收衣服

谁有时间，谁就会把晾干的衣服收回来。如果先生去帮忙，我就赶紧开始打扫房间，这样可以早点儿开始做晚饭。

↓

用除尘刷打扫灰尘

有了除尘刷，就能简简单单去除家里的尘埃。我每天大部分的时间都在客厅度过，一点点灰尘都会格外刺眼，所以要保持每个角落都干干净净。

用湿巾擦地板

用除菌湿巾擦地板。这也是为了防止把病毒带回家的举措之一。每天都要擦，完成以后心情舒畅。

↓

准备晚餐

做好汤以后，开始选择配菜，最后开始做主菜。精心挑选餐具，让餐桌上的话题更加丰富。

↓

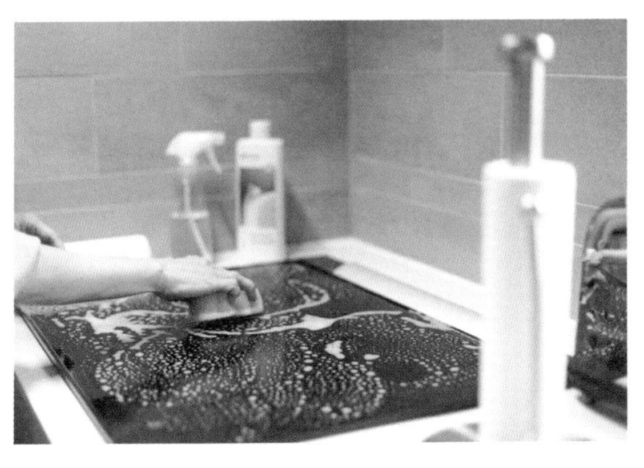

擦拭灶台

黑色面板的电磁炉是厨房的主角。为了不留下污渍，餐后一定要用海绵蘸洗涤剂仔细擦洗。

21 随手做家务

在忙其他什么事情的时候，顺带手把家务也一起做好，万事收拾妥帖，心情舒畅。家务看起来繁杂众多，但只要安排得当，完全可以高效完成。

最简单的家务，是那种不用走心就能轻松做好的事情。比方说碰巧现在有什么心事，或者犹豫不决的工作难题，这时候就可以一边思考一边擦擦灰、叠叠衣服、浇浇水。等这些事情做好了，头脑里应该也整理好了大概的脉络，烦闷的心情一扫而空。

熨衣服的时候，也可以趁机看看正流行的电影和电视剧。我家通常是我先生负责熨衣服，但我偶尔也会帮忙。来不及看字幕也没关系，那就听听声音。如果趁做家务的工夫换换心情，心中就又会涌出再加把劲儿的力量。

举手之劳的家务，基本上已经成了生活中固定的流程。例如每早开窗以后顺手擦擦窗框。每天打开不同的窗户换气，几天之后家里的每个窗框就都被擦了一遍。因为这个习惯，家里的窗框并不会很脏。你看，家务变得轻松了很多。

在晾晒衣服的时候，顺手擦一下飘窗的窗框。有时间时，我还会随手擦擦玻璃，然后发现窗下的固定位置上总有非常雷同的小白点。观察了很多次，最后发现是我家爱猫SORA的鼻印（笑）。每逢窗外有鸟虫路过，它都会跑来把脸贴在窗子上津津有味地看上一会儿。每次擦拭这里的污渍时，想到SORA那有趣的身影，我都会微笑起来。

洗洗抹布，顺手擦拭小电器

用来擦餐具的抹布，每次用过以后都要清洗。但洗之前可以用来擦擦吐司机和电水壶的表面。抹布本身质地柔软，不会给不锈钢的小电器表面造成划痕，用起来很方便。

一边望远，一边擦百叶窗

擦百叶窗是我最不喜欢的家务之一。手持百叶窗专用刷子，一边眺望窗外四季变换的风景，一边干活。最近竟然觉得鸟儿飞过竟然如此可爱。

一边想事情一边除尘

书稿写不下去的时候，我就一边拿着除尘刷走来走去，一边找找灵感。也不知为什么，往往这个过程中就能文思泉涌。更重要的是，家里也更干净了，真是一举两得。

开窗的时候顺手擦擦窗框

开窗换气的时候，是打扫的好机会。把不含酒精的湿巾放在随手可拿的地方，快速擦拭一下即可。清风拂面，神清气爽。

洗手的时候顺便擦擦洗面台

洗手之后随手一擦，水渍和手印一扫而空。洗手池周围如果一直有水汽，不用多久就会出现擦不掉的黑色霉菌，所以我很精心地时刻保持洗手池干爽。下次使用洗面台的时候，当闪闪发光的水龙头映入眼帘，会感到格外的温馨。

观察花草状态的时候，顺便扫扫地面

浇水的时候，可以同时完成用眼睛观察花草的状态、用手打扫地面的事情。独栋住宅，免不了灰尘或飞虫会闯入家中。欣赏着玄关前面的植物，扫地不过是举手之劳。

22 给自己力量

在家人安宁入眠的夜里，只有我还在悠闲地消遣着夜色……以前，我觉得这样的时光美好到奢侈。在静悄悄的房间里，做做未完结的工作，或者看看可爱小猫的视频。又是平安顺遂的一天啊，安心感慢慢涌上心头，接着想到了明天还要做的事情，于是有了“那就早点儿睡吧”的念头。

白天的时候，心里满满都是家务和工作，只有睡前这段时间才能获得真正的自我解放。所以我很珍惜这段自己完全放空的时间。

为了给这一天画上句号，然后神采奕奕地去面对明天的新生活，我还有些事情需要在睡前完成，比方说把凌乱的抱枕摆整齐，小物件放回原来的位置，擦干餐具，打扫排水口的污垢等。长久以来的习惯，仿佛成了睡前的仪式，做着做着就会被睡意笼罩。

我原本就喜欢精心设计家里的布局，更喜欢窝在家里舒适地度日。要是次日早晨醒来，睁开双眼就能看到整洁美观的房间，就能微笑着对自己道一声“早上好”。

年轻的时候一直早睡早起，最近却有了赖床的毛病。但我觉得从睡醒到起身的这三十分钟的时间，是昨天的自己送给今天的自己的礼物。正因为昨天的自己努力做好每一件事，今天才能不慌不忙地翻开新篇章。为了无论何时都能心情愉悦地迎接清晨，还是要努力保持当日事当日毕的好习惯。

准备好SORA的夜宵

打扫完SORA的猫砂盆以后，要把SORA的夜宵拿到卧室去。SORA胃口小，属于少食多餐的类型。为了不让它饿肚子，一定要准备好夜宵。

把厨房排水口擦干净

收拾完餐具以后，要用百洁布蘸消毒液清洗排水口的垃圾，然后把洗菜盆擦干净。明天一早，还要开开心心地准备早餐呢！用百洁布擦干每一滴水以后，晚间的家务终于能告一段落了。

检查邮件，关闭电源

常在夜里收到邮件，在最后确认完邮件以后还要记得关闭电源。洗洗眼镜，把文具摆放整齐，明天继续努力吧。

23 选购满足新生活要求的日用品

从公寓搬来新家以后，我开始尝试以不同的视角去选择生活用品。例如扫除用的扫帚，以前比较重视美观，用完以后就放在玄关那里。但现如今除了室内，还需要清扫院子里的尘土和落叶，选择标准当然要有所改变才行。还有吸尘器，以前都是连线使用的款式，体积比较大。现在为了覆盖楼上楼下和台阶，改为充电款的小型吸尘器。这些让我亲身感受到居住环境对思维方式的影响。

除此以外，因为新冠的影响，挑选物品的标准也发生了很大变化。以前家里的洗涤剂，一直都是对手部皮肤无刺激、散发着自然气息的款式。但现在，我改成了那种能“彻底清洗细菌”的产品。我希望身边的父母家人都能身体健康、平安无事，所以在选择保洁用品的时候，首选清洁功能强大的产品。只有保持卫生，才能安心。

确实，最近保洁用品的功能也随着环境的变化在不断进步。在我重新购买保洁用品和扫除工具之前，务必先上网看看有没有能抑制新冠病毒的产品。

我有一个记录日用品信息的笔记本，里面包含了购买地点、商品名称、购买价格等信息。翻看以前的记录，发现近年来几乎所有的品类都被更新了一遍。也就是说，这个小本子也在不断地更新。

在笔记本中更新日用品的清单和价格。包装款式和购买地点也都列入其中，使人能一目了然。

黑色按压瓶里装的是厨房用消毒酒精。单手按压，喷在厨房用纸上使用，方便快捷。

透明纸巾盒能看清楚剩余纸巾的数量，取拿也方便，常备在洗面台上和厨房里。

用于扫除和洗衣服的一次性手套，也能戴着给SORA打扫猫砂盆。

我很关注口腔卫生。最近感觉牙龈不够健康，于是专门准备了两管不同的牙膏。一个可以预防牙周疾病，另一个可以起到美白的作用。

24 家务的简约化

即便要洗的衣服不多，也要每天洗衣服。而打扫的流程，与以前相比有些许增加。毕竟我们在家的时间更长了，要是想时刻保持整洁的室内环境，肯定家务要比以前更多。要是勉强自己面面俱到，恐怕反倒会顾此失彼。所以决定尽力而为的同时尽量精简，当然，还要动员家人来帮忙。

以前，启动洗衣机之前都会浸泡一会儿。现在把它省略掉！换成具备抗菌能力的洗衣液，其实也没什么可担心的。与此相反，设定两次漂洗的环节，杜绝洗衣液残留。

擦地板的时候，使用湿巾。毕竟每天增加了擦地的频率，这样就免掉了周末的大扫除。对于房间里的窗户，不能打开的固定玻璃每年擦两次，能打开的窗户发现脏了再擦就好。不像以前住在公寓里的时候，现在家里的尘埃要更多一些，雨水也会流到玻璃上留下痕迹。我会用厚一点儿的厨房用纸擦玻璃，这样就省下了洗抹布的时间。刚刚搬家不久，我觉得一定要让自己趁这段时间喜欢上在新家做家务的节奏。

傍晚降临的时候，有固定的家务。如果先生能按时回家，我们会分工合作。他通常都会身先士卒地开始劳动，而我会快速进入准备晚餐的状态。当我们围坐在餐桌旁，美好的夜晚就拉开了序幕。家务简约一点儿，家人其乐融融的时光多一点儿。我还会继续尝试让家务更加简约的方法。

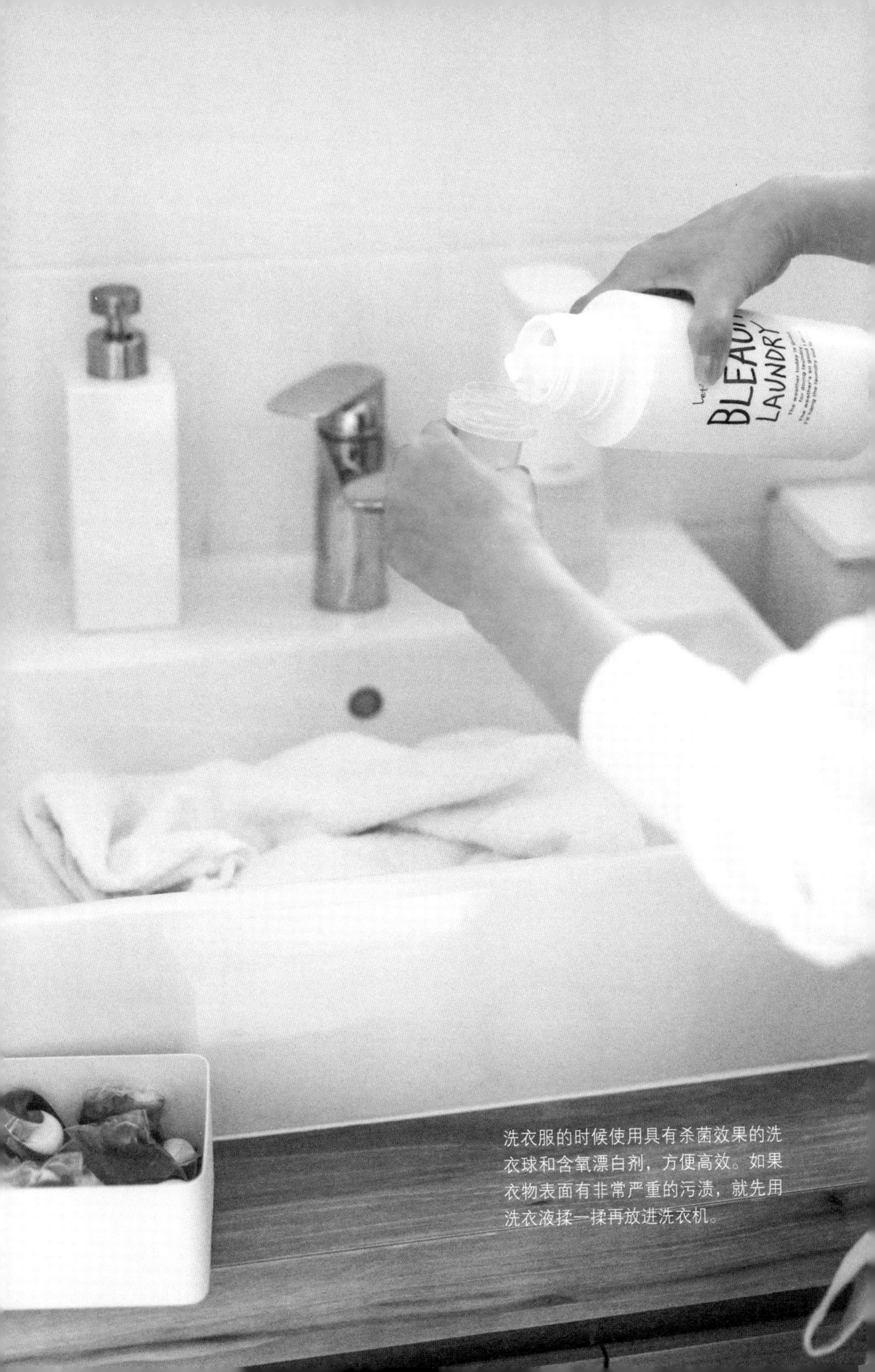

洗衣服的时候使用具有杀菌效果的洗衣球和含氧漂白剂，方便高效。如果衣物表面有非常严重的污渍，就先用洗衣液揉一揉再放进洗衣机。

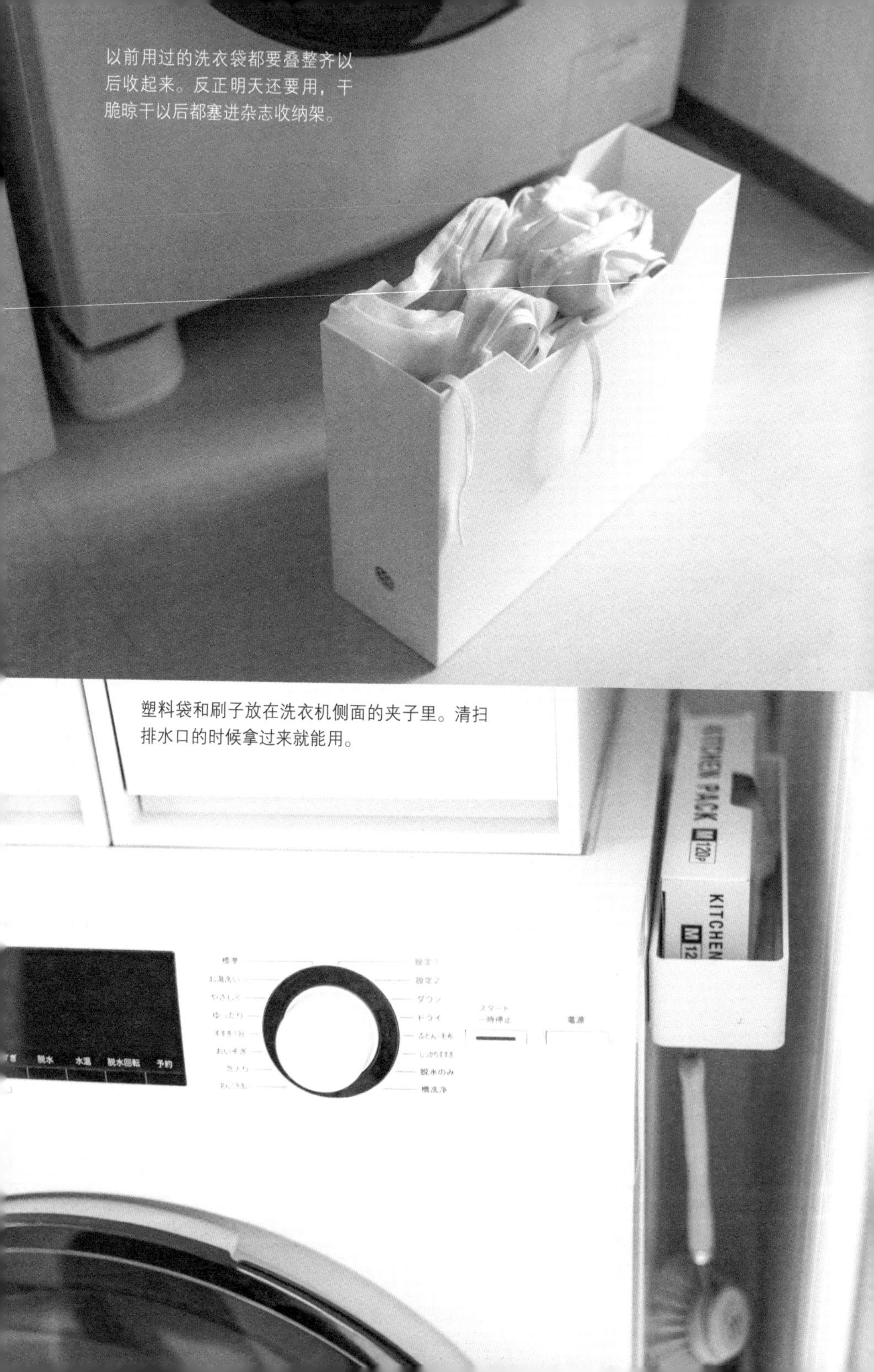

以前用过的洗衣袋都要叠整齐以后收起来。反正明天还要用，干脆晾干以后都塞进杂志收纳架。

塑料袋和刷子放在洗衣机侧面的夹子里。清扫排水口的时候拿过来就能用。

开关是使用特别频繁的地方，要是觉得脏了就马上擦一擦。每一层都准备了无酒精湿巾。

先生负责熨烫家居服，其他的由我负责。以前自己做家务的时候，内衣都要熨烫平整，所以这些对我来说倒不是什么难事(笑)。

25 选择易于洗涤的日用品

在家的时候，通常穿着家居服。穿一天以后就要清洗，所以要购买易于清洗的质地。每个季节都有固定的几身家居服，在家换着穿。比方说，冬季对保暖性的要求高一些，所以家居服基本上都是棉质的，而且选择可以机洗的款式。特别冷的日子，外面加一件马甲或长款针织衫保暖。因为选择的针织衫本来就是可以机洗的质地，所以每天扔进洗衣机里也不会有什么负担。

面巾和浴巾应选择质地软薄的款式，多用一段时间也不会变硬，所以勤洗勤换也没什么可心疼的。冬季沙发上使用的垫子和羊毛抱枕套，都是些可机洗的摇滚绒或珊瑚绒的材质，毛茸茸的很温暖，而且好用好洗。

床上用品也洗得很频繁。被子从以前的羊绒被，换成了现在的珊瑚绒被。洗衣机洗好甩干以后，只需晾晒片刻就能用了，简直太方便了。珊瑚绒的被子很轻，洗完晾晒的时候不会感到腰疼，而且盖在身上也不会压得肩膀痛。

搬了新家以后，洗窗帘的频度也比以前增加了。我家唯一使用窗帘的地方就是飘窗。在我居住的这个城市里，空气中长时间弥漫着花粉和黄沙，所以必须定期清洗。最近市面上出现了很多既好看又实用的窗帘，我得找时间去看看有没有无皱的速干窗帘。

26 我家的防火对策

去年，福冈发布了50年不遇的特大台风警报。今年夏季阴雨连绵，我家的地势虽然比较高，但也因为大雨磅礴而深感不安。

于是我不得不翻出去年准备好的东西，然后坐下来上网关注信息。参考着预防地震所需的备品包清单，我开始慢慢整理还不够的东西。例如食品、饮用水、罐头等。与此同时还学习了在备品不足的时候如何抑制浪费的知识。

当然，还要考虑爱猫SORA的防灾备品包。意外发生的时候，肯定会不知所措。只有事前考虑周全、做好准备，才能在紧急时刻尽量有条不紊地采取行动。SORA的备品包里应该装些什么呢？这时候，以前送爱猫去住院时的经验发挥了作用。那时候常去的医院很远，每次前去就诊的时候单程就需要1.5小时。所以直接把那时候的备品清单拿来，为现在的紧急备品包作参考。把猫咪包放到了随时可以拿到的地方。为保险起见，我把SORA小时候的玩具也塞了进去。

我家最常见的问题是停电。身处幽暗之中难免心神不宁，所以我家常备应急照明。宜家的电池感应灯、蜡台等，都能在停电时给我带来安全感。还有就是我最喜欢的白色台灯。这盏充电灯本来放在二楼作小夜灯，我夜里起来喝水，或者SORA起来吃饭的时候都用得到。这盏台灯还有一个优点，就是能拿在手里移动。在漆黑的夜里，把这盏温柔的光明握在手中，多少还是会安心一点儿的。事发突然的时候，这一点点的安慰也弥足珍贵吧。

还不够呀！今后还得多学学各种防灾对策才行。

这两盏灯都是可手持移动的款式，亮度可调。因为下面那款灯用的是电池，因此需要常备电池

楼梯上的感应灯

宜家的电池感应灯。最初用的时候，它的光亮能让人瞬间清醒起来。毕竟光明才能让人有安全感，所以我在每个房间和楼梯上都放置了几个。

平时的饮品都是
随喝随补充

每月定期网购各种饮品，就放在玄关侧面的手推架上。为了月末不至于断粮，每次都会稍微多买一点儿。

SORA的备品包中
物品一应俱全

里面有能当猫窝使用的猫抓板、猫砂盆、猫罐头和不易碎猫食盆、补水套装、尿片、湿巾、塑料袋、毛巾、毛毯、指甲刀、玩具等。

27 在每日食谱中花些功夫

为先生的身体健康着想，我想尽量缩短做饭的时间，所以很早以前就开始习惯了在周日备好下一周的饭菜半成品。家人围坐在餐桌旁共进晚餐，是我幸福和力量的源泉。正是因为这个原因，我更乐于制作各色美食，然后跟家人开开心心地一起享用。即便如此，我们家最近养成了这样的生活习惯：工作日在家吃早餐和晚餐，休息的时候在家吃一日三餐。如此一来，厨房的工作就增加了。如果周日不多预先准备一些，平时的早晚就显得有点儿局促。

于是，我在新鲜蔬菜以外添加了冷冻蔬菜，成功地减少了平时备菜的负担。听说冷冻蔬菜都是在应季蔬菜味道最好、营养最佳的时候速冻制成的，而且价格适中。土豆和胡萝卜这类根茎蔬菜能直接用来做汤，只要再加一点点绿色蔬菜和葱花调剂一下就好。

冷冻蔬菜还有一个特点，就是用多少取多少。现在我降低了购物的频度，但却减少了浪费的情况。每天想吃多少，就准备多少。

还有就是必不可少的调料，去超市的时候根据需要补充即可。这种随用随补充的方法，能保证新鲜的调味效果。有时候临近周末，家里就只剩了一种蔬菜。这时候，我会用炸洋葱圈、酸黄瓜等做点异国风情的沙拉。最近，也会去便利店临时采购点儿什么。不管怎样，只要花些功夫就能让餐桌丰富起来。

这些调料，都是能在一个月以内吃光的。先生喜欢意大利餐，所以混合香叶碎是他格外喜欢的调料。

煮鸡蛋和橄榄是从市场直接买回来的，其他食材都是自己准备的。
从最不容易保鲜的种类开始食用，周末之前全部吃完。

把一整袋冷冻薯块装在大小合适的珐琅托盘里，稍后与培根一起烤着吃。添上橄榄以后，味道绝佳。

配菜少的时候，可以在主食里增加辅料补充营养。我自己吃午饭的时候，只要有这样一碗米饭就行了。用番茄汁和番茄酱烹调的冷冻蔬菜汤，可以放在冰箱里保鲜好几天。

越是喜爱准备菜肴的时间，就越能从中感受到快乐。我喜欢吃新鲜出炉的面包，所以一直都是买生面包坯回来自己烤，现如今我已经能在家烤菠萝包和法棍了。

想吃甜食的时候，可以买几套甜品模具，自己动手制作。之前试着网购了情人节的巧克力模具，品尝之后发现无比美味。之后又连着买了三次。把冷冻水果丁铺在刚刚从烤箱里拿出来的坚果上，然后翘首以待巧克力凝固。

我还能在家做先生最喜欢的拉面。在网上查查制作方法和调味方法，自己煮个鸡蛋，再加点儿海苔，看起来还挺像那么回事儿的。

平时吃饭的时候，都要心里算一下有多少热量。但遇到这些稍有不同的餐点时，会当成自己生活的调剂，心无杂念地大快朵颐。

我经常光顾的商店时不时会上架几款蛋糕。稍作加工就能吃到美味的柠檬芝士蛋糕。

使用冷冻面包坯，在家就能烤面包吃。不仅仪式感十足，而且新鲜出炉的味道真的太让人着迷。准备的过程乐趣十足，等待的时间心情雀跃。尝试制作情人节蛋糕的时候学会了装饰蛋糕的方法，现在已经渐入佳境。坚果和各种莓果是必不可少的点缀。

热衷于烤面包的周末，中午简单烤一盘鲜虾和蔬菜的拼盘。
精心选择餐具和杯子，有时候会根据餐具来决定菜单。

休息日的早餐也会与平时有所不同。先生吃芝士吐司或松饼，我吃水果三明治。带着对休息日的期待，用了一款名为sunnuntai的餐具。在芬兰语中，这个名字的意思是星期日。午餐吃拉面，假装身处拉面店。

28 勤于保湿

最近有种特别的感觉，觉得身体和心灵都需要滋润。于是就在早晚各用5分钟，忘掉所有的繁杂琐事，就当作是对自己的犒劳吧。

早晨，把常年使用的基础化妆品放在掌心，然后均匀地涂在脸上。一边感觉着自己肌肤的状态，一边告诉自己“今天也没问题”！最近外出的机会很少，而且只要出门就要戴口罩，所以几乎一直都处于素颜的状态。只是会涂一些防晒霜，防止紫外线的侵袭。从镜子里看到自己的素颜，有时会忍不住再涂一点儿口红。

白发日益增多。我试着自己在家染过头发，没想到只过了几天

戴着两层手套，希望扫除和洗衣的同时能做好手部保湿。棉手套洗一洗就会缩水，买的时候要买稍大一个尺码。

的时间新生白发就又钻出来了。与此同时，发丝的光泽慢慢暗淡下来，时不时变得凌乱不堪。所以迫不得已，还是要每3个月去美发店做一次头发保养才行。

为了尽量避免染发膏褪色，我改用了染发专用洗发水和护发素。发现局部褪色的时候，就用相同颜色的喷雾盖住。这样，能在下次去美发店之前一直保持发丝的光泽度。日常随意地把头发拢起来，自己觉得既干净又整洁。

现在我最在意的问题是颈纹。因为非常烦恼自己的颈纹，所以会不自觉地去观察别人的脖子。恐怕，这是所有同龄人共同的烦恼吧。对此，我只能在做面部护理的时候，顺便用化妆棉蘸化妆水敷在脖子上尽量保湿。

接受自己身体的细微变化，面对岁月留下的所有痕迹。一边开开心心地滋养身心，一边期待未来身心健康地生活。

扎头发之前在发梢上涂点儿保湿精油。外出之前不要忘记抹防晒霜。

29 呵护自己

说来，我已经平安无事地度过更年期了。听说各种症状因人而异，对我来说，不过是偶尔手掌抽筋而已。未经任何苦难就走完了这段“非常时期”，好像还有那么一点点小遗憾。

对于更年期，我并没有做任何提前准备。但现在想来，以前良好的生活习惯一定发挥了些许作用。例如说早起要先喝一杯冰碳酸水，听说这样的一杯水对指甲、头发和疏通血管都有帮助。

早餐喝高钙牛奶，强化骨密度。其实我不怎么喜欢喝牛奶，只是兑着浓咖啡一起喝。拿铁是我的大爱。

除了这些，还有维生素和益生菌。在换季的时候，我还是经常有手抽筋的问题。这种时候，我会服用一些更年期药物。

一直不出门，难免运动量不足，那就只能一边做家务一边让身体动起来。比方说用吸尘器的时候，注意保持胸背挺直、收紧腰腹；擦干餐具一个一个摆进橱柜的时候，脚下多走几步；还可以跟SORA楼上楼下多跑几圈。相信是水滴石穿的力量，最近体检测骨密度的时候，竟然有了显著的提高。这可是胜利的一小步啊！

最近偶尔会感到吞咽困难，所以定期购买这种有咽喉保湿功效的果冻饮料。

30 家居服连衣裙

这一年来，我的着装风格有了巨大的变化。日常着装基本上就变成了家居服。虽然大多数的时间都是在家里度过的，但偶尔也会有要临时外出的需求。于是连衣裙就进入了我考虑的范畴。在家的时候穿裙子，外出时只要套上一件外搭，就是既保暖又时尚的服饰。如若如此，真是再理想不过了。

秋冬的理想家居服，应该是那种前襟系扣子的款式。穿脱方便，不箍身体，而且足够保暖。偶有感染风寒喉咙不适的时候，把领口系严实就好。去年秋天，带着试试看的想法，买回好几件长款

秋 Autumn / 冬 Winter

连衣裙。

当时购买的是立领优选棉质连衣裙。试穿的时候，宽松的腰身和恰到好处的长度让我很中意。

尺寸选择的是L码，这比我通常的衣服尺码要大一号，反而更凸显了布料轻柔的特点。就算现在比较在乎是否容易洗涤，这种连衣裙应该也没什么问题。我不想每天花心思考虑穿什么，所以干脆买了几件同款不同色的裙子，每天换着穿。

春夏的家居服，基本上都是无袖连衣裙。盛夏时节一件就行，天气稍微转冷就加一件长袖打底衫，或者再加一件开襟长衫。今年夏天，房间里一直开着冷气，所以只好在半袖保罗衫连衣裙外面再加一件空调衫。用有限的衣服，搭配出无限的乐趣，这不就是日常生活的美好吗？

春 Spring / 夏 Summer

在家 at home

秋 Autumn / 冬 Winter

连衣裙和开襟长衫的固定搭配

秋冬季节，是纯色连衣裙施展魅力的季节。冷的时候外面加一件开襟长衫。脚上穿好保暖袜，全身上下都暖暖和和。

立领连衣裙在外出时大显身手

法兰绒的带兜连衣裙，可以用来代替外套叠穿。里面套一条裤子也好，加一条保暖打底裤也好，总之叠穿风格很符合秋冬季节的气质。

外出 outside

秋 Autumn / 冬 Winter

春 Spring / 夏 Summer

at home
在家

根据上装的风格搭配外套和打底衫

搭配白色开襟外套或其他饰品，就能自信满满地参加视频会议了。要是套上防晒T恤或打底衫，就能安心地在院子里干一会儿活。根据不同场景，搭配各色单品。

春 Spring / 夏 Summer

outside 外出

搭配长衫或外套出门散散步、购购物

去花店买花、去公园散步的时候，需要稍微正式一点儿的妆容。这时候，可以加入黑色长开衫或薄料亚麻外套的组合。选择大一码的亚麻无袖连衣裙，享受裙摆随风飘起的妙曼。

31 脚底保暖

从两年前开始，我在夏天也要穿打底裤和袜子了。要是在开了空调的房间里一直坐着敲电脑，不用多久就会从脚凉到手，最后鼻尖都会冰凉。过后只有泡热水澡才能暖和过来，但脸上的赤红却很难消掉。而且在睡前和早起，偶尔会有脚底抽筋的情况。

为了解决这种畏寒的问题，我开始尝试把打底裤和毛袜子都套在身上。夏季这么穿，看起来的确有碍观瞻，但对于我的体质来说却刚刚好。袜子的吸汗性和透气性俱佳，也并不影响拖鞋的穿脱，所以每年秋季我都会囤好多。

这样的叠穿理念，还适用于在院子里干活。比方说套上防紫外线的打底裤，在预防晒伤的同时还能防止蚊虫叮咬。购买到合适的尺寸，无论多纤薄的质地都不会勒出内衣的线条，可以放心穿出门。打底裤还能有效收紧腹部和腿部的肌肉，缓解体态不佳带来的肌肉酸痛和水肿。前几天发现，现在的腿形确实比之前要好一些。

冬季，将打底裤换成保暖内衣，但同样少不了厚袜子。到了隆冬时节，就干脆在保暖内衣外面再套一条珊瑚绒的保暖裤。

几经尝试，极寒体质终于得到了缓解。冬季的脚趾冻伤问题不见了，手脚冰凉的问题也好了很多。寒凉体质是万病之源。良好的健康管理是通往幸福生活的大门，今后我也得尽力做好脚底保暖。

每逢秋天就要囤货的长绒袜。黑色、深蓝、棕色，有30多双深色的袜子，这一年就足够了。冬季外出的时候，这种袜子已经成为必备单品。

32 熠熠生辉的耳环

这段时间，我能从化妆这件小事里获得莫大的快乐。虽然我不能接受每天穿一样的衣服，但却对服装的款式没什么挑剔。在我的内心深处，挑选服装的过程充满着自由和快乐。

最近总是在院子里干活，免不了要穿长裤。长裤便于活动，也能防止蚊虫叮咬。一来二去习惯了以后，让本来总是长裙飘飘的我开始觉得“裤子也没什么不好的”。

年纪大了以后，倒是更能接受有个性的饰品和服装了。以前但凡穿了设计感强的服装，都会担心别人觉得我张扬。但现在，我已经对自己的风格了如指掌，所以如何搭配不过是信手拈来的事情。

首饰也一样。以前对妩媚的首饰有点儿抵触，虽然也觉得好看，但往往敬而远之。不知为何最近最常佩戴的竟然就是这样一款媚气十足的耳环，翻来覆去都觉得很喜欢。

最近爱上了同时佩戴两只耳环。选择不同款式的耳环搭配起来，自然而然地形成了万种风情。如果其中有一只珍珠耳钉，那气质就一下子高雅了许多。

病毒肆虐，令洗手的必要性大大提升。每每洗手的时候，我都会趁机欣赏镜子里的自己。是的，时尚感满分！因为日常着装通常都是家居服，耳环的存在无疑是点睛之笔。多准备点儿存在感十足的款式，让每一天的自己都自信十足。善待自己，但不能随心所欲。带着美好的心情去追求美丽吧。

每天戴口罩，有时候会弄丢耳环。所以只从价位适中的耳环中挑选。图片中为我喜爱的珍珠耳钉和耳环。

33 小巧的手提包

减少了出门时随身物品的种类。一定要有的，仅限钥匙、手机、钱包、手帕和湿巾。如果出门购物，还要增加两个环保袋。基本上选择手提包的时候，大小能收纳这些东西就够了。在现有包包里，大小最合适、款式最中意的，是一个白色帆布袋。洗了用、用了洗，历久弥新。最近又入手了几个类似的黑色包，只是都稍微小一号。

其中一个是单肩背合成皮的包，另一个是手提式编织包。这两款包包使用方便，能自己立在台面上，而且外表光滑不磨衣服，很快就成了我的心头好。

一直以来，因为肩周炎的缘故，我都不太会选择单肩包。但从这种包的大小来看，无论是单肩背还是斜挎都能接受。如果身着风格简约的长衫，包包还能起到装饰的效果。购物的时候斜挎在肩上，能腾出双手拎东西，所以外出的时候常会背着它出门。

编织包的款式是我非常中意的。外观工整，还能时刻保持整洁。里面用黑色内胆包来收纳，不怕脏也不怕乱。内胆包可以随时机洗，干得也快，用起来很安心。

加上最爱的白色帆布包，这三款包与我日常的穿搭风格很接近。最近外出的工作几乎都让它们承包了。如果今天的服饰里有黑色，就干脆搭配黑包和黑鞋，清爽而帅气。

有特点的单肩包和手工制作的编织包。可以擦拭的表面材料，便于清理。帆布包上面，挂了一个北欧的挂坠。

34 保持适当的距离

这一年来，我们习惯了眼下的生活模式，也更加理解了何为“自己独处”、何为“二人相处”。现在的房子比以前的公寓大了很多，距离感的好处愈发凸显出来。

我在赶稿子的时候，先生会帮我到院子里给树木浇水。我从二楼的窗户探出头，能看到他坐在院子里的椅子上悠哉游哉的身影。家里能有这样一个可以安心的地方，让自己得到片刻的放松，真的很不错。

同样，先生忙的时候，我会一边做家务，一边把SORA带到其他房间去玩耍。当然，吃饭的时候我们一定会边吃边聊。

有时候，我们不经意间聊天时会出现“你喜欢家里哪个地方”的话题。对于这个问题，先生给出的答案是：“客厅挺好的，但我最喜欢卧室。”

卧室虽然并不宽敞，但是能从飘窗看到院子，让人感到似乎已经身处自然的美景之中。以前在公寓里，先生有个自己专用的摇椅，现在也放在卧室里。坐在摇椅上消磨时间也好，一个人聚精会神也好，反正是个不错的位置。由此，我还新买了一张茶几放在卧室里，供先生使用。

先生也差不多快要退休了，而我们的生活节奏一定会随之变化。我们要在共处的时间里相互体谅、相互磨合，希望两个人可以在心意相通的状态下和谐共处。这，应该比什么都重要吧。

二楼工作角处的写字台。打印机和扫描仪就放在这里。虽然不太大，但是有窗户，有风景，是个更能让人放松心情、集中精力的地方。

从走廊看卧室。其实从玄关也能看见卧室，为了搭配玄关的铁艺门，选择了铁艺支架的写字台。

35 让罪恶感随风散去

从去年开始，先生在家的时间变长了，我一度担心自己做饭的负担会有所增加。但过了一段时间，我发现倒也没什么特别的压力，好像一切都平稳过渡了。这应该得益于十几年来我们一直处于家务分工合作的习惯吧。

十几年前，家务和家里的大事小情基本上都是我一个人的事情。直到我们的父母开始身体变差，我才意识到“两个人都应该知道家务怎么做”。也就是说，如果有一天谁遭遇了什么事情，那另外一个人也必须能独立生活下去才行。

虽然理智上清楚要让先生学着做家务，但情感上多少有些不习惯，从嘴上说出来的时候更是难以开口。从小就看着外婆一个人料理家务，所以脑海中“家务应该由我全盘掌控”的念头怎么都挥之不去。先生很快就掌握了熨烫衣服的技巧。

过了一段时间，先生会做的家务越来越多，我的不习惯的感觉却越来越少。正巧搬来这里以后，居家办公的时间越来越多了，然后仿佛自然而然就出现了分工合作的环境。在新的房子，做家务的心情也截然不同，我们都觉得组团劳动是件挺快乐的事情。

回顾过去，所谓的不习惯不过是我自己心里的独角戏。现如今不习惯已经随风而去了，但仍然要感谢先生。过往、如今、将来，感谢之情溢于言表。

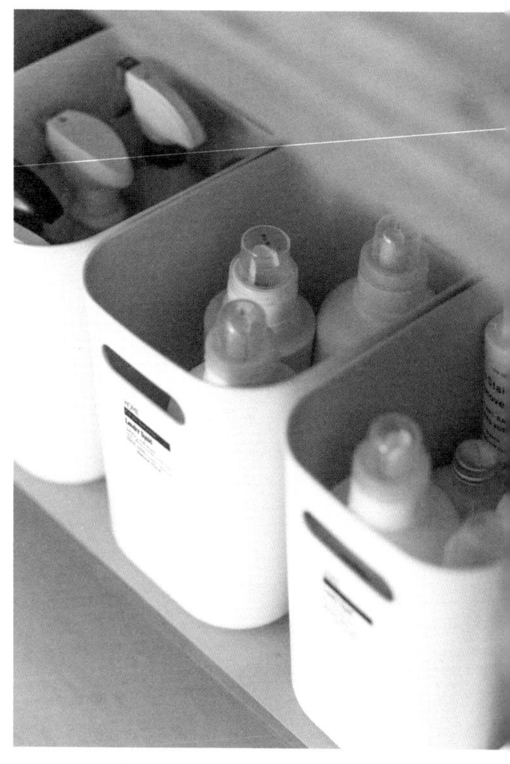

夫妻共同确认保险单

年过六十以后保险费会增高，恰逢最近的新冠流行，让我们觉得需要重新确认保险单的内容。夫妻一起商量，把保险调整到了眼下最合适的套餐。

一眼确认洗涤剂的有无

在打扫卫生间、清洗浴室的时候，总希望洗涤剂触手可及。所以日常收纳的时候，就分门别类地摆放好，如果发现没有了就及时补充。

了解对方的退休金

设想退休以后的生活，从现在开始就应该量入为出。我们会共同确认当下的收支状况，预计今后的生活开支，然后一起测算各自退休金的金额。

双方都能给SORA做饭

SORA 跟以往的猫的饮食喜好完全不同。我们只能配合它的习惯和饭量准备猫粮。现在我们夫妻二人都能给 SORA 做饭。

36 与家人共享休息日

结婚以后，先生和我一定共享休息日。结婚当初，先生要么出差，要么加班，休息日不过每月一两次而已。那时候，我从事事务性工作，偶尔也能在平时休息，所以会尽量配合先生的休息日，争取一起休息。

后来，我们相互确认休息日，一起休假的习惯一直没有改变。休息的时候，我们一起做家务，一起出门购物，或者干脆一起窝在家里自由自在地过一天。虽然并没有刻意约定过什么，但三十年来我们始终共度休息日。

现在想来，这样可真好啊。家人嘛，就是要这样彼此契合。如此一来，老了以后每天能彼此陪伴，会是一件非常有安全感的事情。

我是一个三思而后行的人。但先生却是一个“差不多就好”的人，凡事随缘。这种反差的存在，正好让我们之间产生了互补的格局。先生是我的家人、朋友，也是我最信任的伙伴。在这个不用其他人也能好好生活的年代，我们却在相互的支撑中找到了最平稳的生活结构。

我们也吵架，每年总会有那么一两次再也不想见到他了。但每次在开诚布公地交流之后，两个人之间的羁绊反而变得更加牢固。往往事后再仔细回想，才能感受到当时我们之间存在的问题。只是事发时激动的情绪无法遏制，才口不择言地说了那么不善良的话（笑）。

JAMES
JAMES

37 跟SORA在一起的时间

小奶猫SORA来我家的第二个夜晚，发生了一件这样的事情。我从睡梦中醒来，看到SORA竟然自己从小猫笼子的栅栏之间钻出来，跑到了我们的枕边。一瞬之间我倒吸一口冷气，生怕它冒冒失失地刮伤了自己。现在说来，都是笑谈。但从那时候开始，我们就对SORA想跟我们在一起的情感深信不疑。

SORA是个勇敢的女孩子。两个半月的时候，我还不知道它已经会下楼梯了。有一天我们正在玩耍，它却忽然从我双腿间一穿而过，跑下楼去。真是吓了我一跳。跟着它跑过去，发现它已经跳到了寝室的露台上，聚精会神地看着窗外的飞鸟。那小小的身体，竟

然迸发出如此果断的勇敢！太了不起了！

为了防止这个淘气包跑丢，我在玄关处加了一道栅栏。除了洗面台和洗手间以外，全家都是SORA的乐园，它在这里可以随心所欲地自由“飞翔”。最近，SORA喜欢叼着自己的玩具从二楼跑下来，模样可爱极了。我在一楼做家务的时候，总能想象到它在二楼找到玩具，然后用尽全力把这个比自己还长的小东西拽到一楼的情景。真是让人忍俊不禁。听到SORA下楼以后“喵”的一声，我都会呼唤它的名字，然后等着它转瞬之间出现在我的眼前。SORA是个喜欢撒娇的孩子，时常跑到我身边蹭来蹭去。我喜欢它这种如实表达内心感受的性格，也被它感动到不行。

有一天，我要开网络会议。开会期间，我不能陪SORA玩儿，只好让它自己玩儿一会儿，于是我找来了小猫可能会喜欢的动画片给它看。结果让SORA大为着迷。以前不玩儿上一个小时，SORA都不会放我去工作。自从那以后，只要我拿着遥控器，SORA就能安静地趴在电视前面做准备了。我打扫房间的时候，SORA也是一副时刻准备着要帮忙的样子，永远会守在我的身旁看我。它很喜欢我抚摸它，有事儿没事儿都会在我的脚前蹭一会儿。看着它那可爱的小脑瓜，除了唯命是从还能怎么办呢？擅长撒娇，喜欢示爱，这就是SORA。Cream去世以后我才发现，家里一半的话题都跟爱猫有关。有人说家人之间的共同话题会越来越少，但我家的SORA可是为我们家的活跃交流贡献了自己的一份力量。感谢SORA来到我们的生活。

与猫共存的时光已经很漫长了，每只猫都很可爱。Milk、Cream、SORA，个个如此。相信在与SORA相伴的日子里，我还是会收获到很多的快乐和幸福。

38 家人的羁绊

结婚的时候，先生刚刚跳槽，收入并不稳定。甚至有那么一段时间，生活有点儿拮据。每次拿到薪水，就赶紧交电费、交水费、交房租，以至于留在手里的生活费让人只能无奈地苦笑。

拮据，意味着节俭。那时候我规定自己每天的零花钱，算上午餐费在内只能有500日元。开工资那天，就把当月的生活费都换成

500元的硬币，放进一个好看的瓶子里，然后定时取出。年轻的时候饭量小，但是痴迷花草也渴望书籍，为了这些甚至甘愿饿肚子。现在想想有点儿哑然失笑，但在当时完全没有困苦的窘迫感。每一天都过得好充实、好快乐！

即便如此，还是发生了努力过度而晕倒在地的事情。那时候最先赶到我身边的是婆婆。她了解了情况以后，对我们的窘境担心不已。即便如此，还是站在尊重我们的选择的前提下，跟我们说："月底没钱吃饭了就来我家。"

我很感激婆婆，因为她的只言片语，我真的会在月底提上行李跟先生回家去住上几天。下班回到婆婆家，跟婆婆说："妈，我家没米了，请多关照呀。"然后寄生个两三天的时间。有过几次这样的事情以后，先生的公司步入了正轨，我也跳了槽，从此以后银行账户上渐渐有了积蓄。

后来，也有跟先生全家一起出门旅行、跟先生的弟妹一起说走就走地去了东京的事情。生日、母亲节、父亲节，我们都会在一起庆祝。我自己的爸爸妈妈一直都是双职工，家人团圆的时间非常有限，因此我在与先生家人相处的过程中产生了温暖的柔情。很久很久以后，公公去世了，婆婆搬去跟妹妹同住。那时起家人之间的形态虽然发生了变化，但是我们的关系依然融洽。

也许，正因为我当年"大言不惭"地向婆婆求助，才缩短了我们之间的距离。我从小不擅长表达感情，更不喜欢向人求助。但婆婆却在言行之间教会了我如何跟别人建立连接。

近来，我觉得自己已经在"求助于人"和"帮助别人"之间完成了立场的转变。跟婆婆通电话的时候，我们谈及彼此最近的生活，然后互吐心声。这种相伴而行的关系令人欣慰。在现如今的情况下，家人更应该相互扶持着一起前行。

39 互相支持

能让我倾吐不安情绪的家人和朋友，对我而言是不可替代的存在。日常生活里的这样那样，很多都是我自己无法决定的事情。虽然我会努力独自面对，但正因为身边有这些赋予我安全感的人，才让我拥有了今时今日的幸福生活。

我是否也在这样支撑着他人呢？扪心自问，尚有欠缺。我还没有足够的力量成为强有力的依靠，但如果需要，我一定会倾尽全力地去支持对方。

说到朋友，无论发生什么都应该始终不变地站在彼此的身边，对听到的事情保守秘密，对任何人都不妄加评价。当我接到朋友的电话时，一定会开朗地问候对方。我相信至少这样，可以表达自己对朋友最基本的尊重。

我跟婆婆之间，最近常常煲电话粥。我们之间心无芥蒂的闲聊，绝不会传到先生的耳朵里。这可是我们两个人的小秘密（笑）。其实无外乎是一些痴人梦语，放在心里闷，所以找个亲近的人说说，仅此而已。我们应该都是这样的心情。

我最紧密的伙伴，是我的先生。我常想，只有我们心意相通、彼此关照，才能携手迎接如期而至的幸福生活。偶尔我因为什么琐事不开心的时候，会因为让先生看到自己消沉的样子而深感内疚。

其实，先生偶尔也会有小情绪。有一天看着他闷闷不乐的样子，我忽然觉得我们之间并没有什么亏欠可言呀。无论发生什么，我都愿意用笑脸去面对，告诉对方让我们在一起。

40 不要吝啬笑容

搬入新居以后，马上切换到了居家办公的模式。搬家之前，我走访了以前的街坊四邻，感谢大家长年的关照。入住之前，我也在新家周围稍作拜访，告诉大家即将有一段装修的嘈杂期。那段时间还没有要求戴口罩，大家的真诚笑脸打消了我所有不安的情绪。原来，笑容竟然有如此神奇的力量。

现在已经是没有口罩不能出门的时候了。与此同时，几乎没什么与陌生人交流的机会。即便如此，如果我在院子里笑着跟外面的路人打招呼，对方一定会回馈给我真诚的笑脸。最近，更有路人会主动跟我搭话，聊聊天气，聊聊他对我家院子的看法，聊聊上次路过时见到我时的感受，其中不乏赞美之词。即便有仅限于礼貌的美言，我也会开心地说一声“谢谢”。我相信眼神可以传递笑意，所以努力让含笑的目光越过口罩抵达到对方那里去。

家人的笑脸，带给我整日的喜悦。打扫卫生的时候，SORA误以为我在跟它做游戏，然后转来转去地捣乱。这种时候，我也会笑着跟它说“这可不是做游戏哦”。不用几次，猫咪就能体会到这个人对自己的态度，从而成长为善良可爱的孩子。

即便遇到麻烦，也要笑着对自己说“大雨天！怎么把垃圾扔出去才好呢？”或者“落叶满地，今天不扫地可不行呀”等给自己打气的话！消沉的节骨眼上，非常需要笑容的力量。一旦自己心情开朗，房间里的空气仿佛也轻快了许多。为了家人、为了自己，请不要吝啬自己的笑容。

41 为现在的自己感到骄傲

重新翻阅了一本自己在2016年出版的书。写这本书的时候，刚刚50岁。恰好此时，公公身体不太好，我的妈妈和Cream也身患重疾……当这一切一股脑地袭来时，应接不暇的我一直在心里想：“50岁，这么难吗？”

回顾当时，我应该已经拼尽了全力。但当时的自己，只能看到自己尚有欠缺的地方，每天都告诫自己：“再加把劲儿！”

5年后的今天，我竟然觉得当时的苦难、困惑、迷茫，竟然都成了现如今自己的食粮。我身处日新月异的环境中，难免心生困惑，但只要我能克服这一切，就能获得自信、获得给养，然后变得更强大。

那时候的我确实多虑了，以至于整日浑浑噩噩不知所以然。但今天的我，能带着笑脸面对生活，这不就是最好的答案吗？以后的日子里也会有种种磨难吧，但愿自己不会惊慌失措，不会惶恐不安。无论何时，为自己感到骄傲。带着真挚的心，一步一步向前就好。

42 不要被琐事牵绊步伐

在日复一日的光阴里，有我快乐的日常。看着SORA的睡姿偷笑、与家人交流的轻松惬意，都是使我快乐的原因。现在，与亲人见面的机会少了，家务的内容却增多了。虽然生活的重心略有转移，但我仍保持始终如一的感恩之心，感恩每一天。

打开电视，能听到不那么和谐的语言。连上网络，能看到带刺的评论。有时候真觉得耳朵疼，眼睛也疼。前几天上网的时候，竟然还看到了有人把小猫装进垃圾袋里丢掉的新闻。时隔几日，心里放不下这件事情，上网找后续。多希望小猫“从此以后过上了幸福的生活”啊，但只找到了“不幸死亡”的消息。心酸！

人无远虑，必有近忧。人生只能如此。有时候一点儿小小的瑕疵，就能让好几天的好心情烟消云散。所以，我只好手动屏蔽那些会让自己变得柔弱或不安的新闻和消息。不要被琐事牵绊步伐，是幸福的秘诀之一。

说来，我以前对占星没什么兴趣，在杂志里翻到相关内容也不太留意。因为我一直相信自己的命运掌握在自己的手中，所以不在乎占星师说了什么。现如今，我也希望无论阴晴圆缺自己都能好好生活。内心的平和，是最大的喜乐。

43 及时解开误会

前几天做饭的时候，先生的电话一直响，我在二楼听得清清楚楚。我喊了先生几声，告诉他“电话响了”，但他仿佛置若罔闻。我只好专门下楼告诉他，可是人家却是一副“没听到有什么办法”的样子。

我不想让先生误会我啰嗦，只好心平气和地解释说：“我不是多事，只是电话一直响，怕你错过重要的事情。”凝固的空气又恢复了原来的样子。我知道，年纪大了以后不仅变得更顽固，而且烦恼的事情会在记忆里残留好久。所以为了不留下心结，最好的办法就是及时解开误会。

与朋友之间的交流也是如此。现在不能面对面交流，有时候难免发生误会。比方说，有一次我对一位很努力的朋友说“加油呀”，却被误解成“至于那么认真嘛”的意思，结果她一下子就把自己的立场拉低了很多。我发现了以后，马上解释了自己的真实意图，并对自己不妥当的表达方法表示歉意。是的，先道歉，然后带着笑意重新说明自己的真正想法。

很多时候，我总是事后才能想出恰如其分的语言。怎么当时就没说出这样的话呢，懊悔不已！既然知道自己是这样，就只能勇敢地当场解释，别让误会拉远彼此的关系，更不能因为误会给别人造成伤害。时间不能倒退，每一个当下都要精心耕耘。

不借助语言的力量，怎么才能实现彼此之间的默契呢？设身处地地为对方着想，如实地传递自己的真情实意吧。

44　可以坚持的事情

15年前开始记录的日程表。过去的艰难险阻，今天回忆起来也能笑着面对。年轻的自己，赋予今天的我更多的勇气。

自信，不是轻易可以得到的。我们往往能发现自身的不足，却很少能正确面对自己的优势。但自信的人，一定不太容易消沉，也能带给周遭更明朗的氛围。我有这样的朋友，一直带给我欢乐和力量。

就我自己来说，自信源自过往的所有经历。只要坚持，多难的事情都能克服。

我第一家就职的公司是建筑公司，当时负责端茶、打扫、送咖啡的工作。会场的布置和清扫是我的工作，男员工用的洗手间和烟灰缸也要由我来整理。那时候年轻气盛，不明白为什么这些事情要我一个人来做。但因为一心想着早点儿打扫干净，所以多多少少的污渍在我眼里都无关紧要（笑）。那段经历，应该对现在的我有很大的帮助。

后来，我在服装店工作过。那段经历对我现在的服装搭配积累了宝贵的经验。比方说服装的质地、种类、洗涤方法等基础知识，还有修改服装时如何判断尺码等，都是那段时间学会的。

在照相馆工作的经历，直接为我现在的工作奠定了基础。除了构图理念以外，我还利用当时学会的摄影技巧和Photoshop知识实现了小小的摄影梦想。现在出书的时候，我可以独立完成一些基础的拍摄工作。

所以，现在当我面对新鲜事物时，即使没那么得心应手也想努力学学试试。坚持到自己认可为止，这样的心态本身就是自信的源泉。这也是通往未来的必经之路吧。

45 做不到的事情就放弃

前段时间，手指关节变形，疼到彻夜难眠。对于更年期前后的女性来说，关节疼痛简直是家常便饭。

说来，我一直都是手脚勤快的人。做衣服、写书、做信封和文件袋……我非常喜欢动手做东西。也正是因为这样的性格特点，我很在意细节。做衣服的时候如果哪个缝隙没缝好，一定会拆开重新缝。在搬家前整理衣服的时候，我发现自己做的衣服竟然超过了100件。

这么喜欢手工，竟然也到了不得不放弃的时候了。原本的自己，总想着“这件衣服以后不穿了，改成别的什么吧”“可别浪费了这块布，做点什么”。莫非，这样的性格也只能一起放弃了吗?

逝者如斯夫。恐怕很多很多事情都要放下了。今后也必将如此。如果做不到，不要苛责自己。今后的生活中还有很多新的乐趣等待我们去发现去挑战。

最近我还是重新改了一下围裙的带子，拆了一件不怎么穿的开衫，还给SORA的保暖垫做了个外套。市面上没有正正好好的东西，我就一边想着SORA那可爱的模样，一边开动了缝纫机。这种无须大费周章的手工活，还是能给我带来满足感的。

46 用恰当的词汇来包装情绪

去年秋天，跟朋友一起出门吃饭。付款的时候，朋友帮我把手提袋拎了出来，我随口就说了一句“不好意思”。结果竟然被她反问道：“啥？”恍然间，我意识到曾经有过相同的场景。工作的时候无意识说一声“抱歉”，结果对方却摆出一脸的不可思议。

我原本满怀都是“谢谢”的心意，但抱歉的情绪却抢在前面，结果“不好意思”呀、“抱歉”呀就脱口而出了。

后来，我开始练习用恰当的词汇来表达自己当下的感受。自然而然的，正面词汇用得更多了，交谈时的表情也明快了许多。

另外，我正在复习那些成熟稳重的人应该使用的敬语。大概是几年前，我在交谈时遇到了一位敬语非常得体的朋友。他的那种表达方式，真的太有魅力了。那天回家的路上，我毫不犹豫地买了一本敬语辞典。最近的工作中，常常接触位高权重的人物，于是深感敬语的重要性。这才从书架中找到这本敬语辞典，放在了手边。

眼下的时代，言简意赅的语言更加流行了。但我仍希望自己是个言辞优美、措辞严谨、表达准确的人。

頭がいい人の敬語の使い方
仕事がデキる人間が使う究極の話術
本郷陽二 監修
日本の大和言葉を美しく話す

47 头疼的雨天需要休息

最近一年，每逢阴天下雨我就头疼。以前我从来不头疼，莫非这也是来自岁月的馈赠？头疼的时候，只要没有重要的事情，我就会关上电脑，放下家务，让自己休息片刻。

吃了止痛药，躺在客厅的沙发上摆成“大”字完全放松。如果你没试过这样，请一定要试试看。身心解放以后是何等的惬意。最近，家务之后、睡觉之前，我也会在客厅里摆个“大”字伸伸懒腰。全身放松，看着天花板，等待一整天的疲惫消失不见。祈愿“明天也能家人平安无事”，这是每一天的必修课。

通常，我让工作和家务完美地拼凑在一起。到了休息日就想放慢生活节奏，即便如此还是会到厨房中去走走，到先生旁边打扫打扫。先生看我这样，会很认真地盯着我说：“不劳动会死吗？”（笑）这时候，我们都会忍不住笑出声来。说要自我解放，实则却并没休息。

所以，头疼的日子一定要休息。跟朋友煲煲电话粥，只做最基本的家务，慢悠悠地度过这一天。明天开始，恢复正常的节奏。偶尔也让努力生活的自己休息一下吧。

48 今天也很幸福的感觉

心里没有着落的生活，已经有两年了。并非喜欢这种生活状态，但至少需要适应。每周一次的外出购物，改成让先生在回家路上代劳。傍晚单手拿着电话，单手打开冰箱门看看缺什么的光景，已经成了家常便饭。

再平稳的生活，偶尔也会露出不安的模样。早晨送先生出门的时候，笑着说："注意安全啊，早点回来。"关上门以后则会真诚地祈祷："希望今天一切顺利，平安顺遂。"与家人和朋友通电话、写邮件的时候，往往会出现"我们要好好活着""希望什么都不要发生"这种论调……看起来多少有点儿悲切。现如今，跟以往那种波澜不惊的生活相比，还是不一样了。

但即便是这样的生活，也有梦想成真的幸福。那就是SORA和先生的感情更深厚了。本以为小母猫和男性的关系不会很亲密，可没想到SORA竟然很快就对先生不离不弃了。它总是窝在先生的身边，偶尔看不见先生的身影就会四处寻找。看着他们一起甜美如梦的样子，感叹于"竟然有如此美好的光景"，眼圈不禁微微泛红。

幸福和美好会历久弥新吧。不要焦虑还没有来临的未来，珍惜每一个眼前的瞬间。感谢生活，感谢今天。让我们带着感恩之心美好地生活下去吧。

正是因为生活中有所谓“重要的事情”，才能证明我们足够重视自己、重视他人。这是一件多么幸福的事情啊。

希望此刻手捧这本书的您，能在今后的生活中遇到数不胜数的幸运和笑颜。

Photos by Kyoko OMORI
Design by Izumi HADA
First original Japanese edition published by PHP Institute, Inc., Japan.
Simplified Chinese translation rights arranged with PHP Institute, Inc.
through Shanghai To-Asia Culture Co., Ltd.

著作权合同登记号：第 06-2022-71 号。

图书在版编目（CIP）数据

重要的事儿：提升生活幸福感的48个方法 /（日）内田彩仍著；王春梅译. —沈阳：辽宁科学技术出版社，2023.2
ISBN 978-7-5591-2838-6

Ⅰ. ①重… Ⅱ. ①内… ②王… Ⅲ. ①人生哲学—通俗读物 Ⅳ. ①B821-49

中国版本图书馆CIP数据核字（2022）第243139号

出版发行：辽宁科学技术出版社
（地址：沈阳市和平区十一纬路25号　邮编：110003）
印 刷 者：辽宁新华印务有限公司
经 销 者：各地新华书店
幅面尺寸：145mm × 210mm
印　　张：6
字　　数：150千字
出版时间：2023年2月第1版
印刷时间：2023年2月第1次印刷
责任编辑：康　倩
版式设计：袁　舒
封面设计：袁　舒
责任校对：徐　跃

书　　号：ISBN 978-7-5591-2838-6
定　　价：36.00元

联系电话：024-23284367
邮购热线：024-23284502